对年轻科学家的忠告

Advice to a Young Scientist

[英] P.B.梅多沃（P.B.Medawar）著
蒋效东 译

北京大学出版社
PEKING UNIVERSITY PRESS

著作权合同登记号　图字：01-2020-2127
图书在版编目（CIP）数据

对年轻科学家的忠告 /（英）P. B. 梅多沃（P. B. Medawar）著；蒋效东译 . —北京：北京大学出版社，2020.7
  ISBN 978-7-301-31311-4

Ⅰ. ①对… Ⅱ. ①P… ②蒋… Ⅲ. ①科学家—修养—通俗读物 Ⅳ. ①G316-49

中国版本图书馆 CIP 数据核字（2020）第 049493 号

Advice to a Young Scientist by P.B. Medawar
©1979 by Sir Peter Medawar
This edition published by arrangement with Basic Books, an imprint of Perseus Books, LLC, a subsidiary of Hachette Book Group, Inc, New York, New York, USA.
Simplified Chinese Edition © 2020 Peking University Press
All rights reserved.
本书简体中文版专有翻译出版权由 Basic Books 授予北京大学出版社

书　　　名	对年轻科学家的忠告 DUI NIANQING KEXUEJIA DE ZHONGGAO
著作责任者	〔英〕P. B. 梅多沃（P. B. Medawar）著　蒋效东 译
策划编辑	周雁翎
责任编辑	唐知涵
标准书号	ISBN 978-7-301-31311-4
出版发行	北京大学出版社
地　　　址	北京市海淀区成府路 205 号　100871
网　　　址	http://www.pup.cn　新浪微博：@北京大学出版社
微信公众号	科学与艺术之声（微信号：sartspku）
电子信箱	zyl@pup.pku.edu.cn
电　　　话	邮购部 010-62752015　发行部 010-62750672 编辑部 010-62753056
印　刷　者	大厂回族自治县彩虹印刷有限公司
经　销　者	新华书店
	650 毫米 ×980 毫米　16 开本　12.25 印张　125 千字 2020 年 7 月第 1 版　2020 年 9 月第 2 次印刷
定　　　价	56.00 元

未经许可，不得以任何方式复制或抄袭本书之部分或全部内容。
版权所有，侵权必究
举报电话：010-62752024 电子信箱：fd@pup.pku.edu.cn
图书如有印装质量问题，请与出版部联系，电话：010-62756370

译者序言

1915年2月28日,梅多沃教授诞生于巴西。后来,他就读于牛津大学,毕业后曾在诺贝尔奖金获得者霍华德·弗洛里(H. W. Florey)的实验室里参与对青霉素的早期研究工作。此后,他的兴趣转向免疫学领域,他通过一系列出色的实验弄清了人体对来自异体的移植器官和组织发生排斥反应的基本原因,并提出了一种治疗排斥反应的方案。他的这项工作,为今天蓬勃发展的器官移植疗法奠定了理论基础,为千千万万患者带来了福音。也正是由于这项杰出的贡献,他于1960年与伯内特(F. M. Burnet)医生分享了诺贝尔生理学或医学奖奖金,这是全人类对他的崇高奖赏。但梅多沃教授并不因此居功自傲,停止在科学上的探索。此后,他又致力于肿瘤生物学的研究。

梅多沃教授从未把自己的创造性局限在本专业的狭小天地里,而是积极地关注一系列重大的哲学和社会问题。1959年,他曾在英国广播公司（BBC）发表题为"人类的未来"的系列演讲，引起巨大反响。后来，他又撰写了许多论述科学方法和科学社会学问题的著作，其中有代表性的是：《可解的艺术》（*The Art of the Soluble*，1967）、《科学思想中的归纳与直觉》（*Induction and Intuition in Scientific Thought*，1969）、《进步的希望》（*The Hope of Progress*，1974）、《生命科学》（*The Life Science*，1977）、《对年轻科学家的忠告》（*Advice to a Young Scientist*，1979）以及《从亚里士多德到动物园：生物学哲学辞典》（*Aristotle to Zoos: A Philosophical Dictionary of Biology*，1983）和《科学的局限》（*The Limits of Science*，1984）等。

《对年轻科学家的忠告》一书写成于1979年，先在《哈泼斯杂志》（*Harper's Magazine*）和《科学》（*Science*）期刊上选载，后来由美国哈泼与罗出版公司出版单行本，在短短几年内多次印刷，分别以平装本、精装本和文库本发行，获得读者和评论者的一致好评。梅多沃教授在这本小书中，以慈爱的长辈学者的身份，对年轻科学家提出了许多诚恳的劝诫。他从科研课题的选择，讲到完成课题后如何写出论文发表；从实验和发现，讲到社会对科学家的奖励；他还告诉年轻科学家如何处理好与长辈学者的关系，如何参与科研合作，如何正确对待科学中的性别歧视和种族歧视，应该怎样看待科学和科学家在社会上的地位；等等。虽然在论述上述问题时，梅多沃教授所举的实例大多限于生物医学科学领域，但其影响早已超出这一领域，而对广大有志于科学研究的读者都有所裨益，这也正是促使译者把此书译出介绍给我国广大读者的原因。

梅多沃教授是一位在科学、文学、历史和哲学诸领域都有颇深造诣的学者，《对年轻科学家的忠告》一书就充分体现了作者多方面的渊博知识和出色的文字才能。翻译这样一位作者的这样一部著作，译者遇到了未曾料想到的问题。举例来说，本书最后两讲，在论述严肃的科学哲学和科学社会学问题时，梅多沃教授采用了诙谐的笔调和非正式的词汇，翻译时既要保留原作的用词和语言特色，又要贴近科学哲学和科学社会学的正式术语，这就颇费斟酌。译者殷切期望广大读者批评和指正。

为了帮助读者更好地理解本书的内容，译者就一些涉及文化背景的问题加了少量译注；为了与原有的注释区别，新加的译注都以星号（*）标出。

本书第一、二讲的部分内容曾由鲁旭东译出，发表在《自然科学哲学问题丛刊》1981年第1期上。译者这次将全书译成中文时，参考了原译者的部分译文，并采用了原译者所加的一个译注，特此说明。在翻译本书的过程中，译者曾多次求教于南开大学的杨敬年教授，得到他的热情帮助，在此一并致谢。

献给

伦敦皇家自然知识促进学会

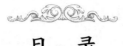

目 录

作者序言 1

第一讲　科学家究竟是一类什么样的人？..................1
第二讲　怎样判断自己是否适合从事科学研究？..........9
第三讲　科学家应该研究什么？................................19
第四讲　如何把自己武装成科学家？.........................27
第五讲　科学中的性别偏见和种族歧视......................35
第六讲　科学界你应该知道的那些事儿（一）...........47
第七讲　科学界你应该知道的那些事儿（二）...........61
第八讲　科学界你应该知道的那些事儿（三）...........73
第九讲　年轻科学家与年长科学家的相处之道............85
第十讲　如何做学术演讲和撰写科研论文？...............99

第十一讲　科学实验与科学发现有哪些重要类型？.................115

第十二讲　奖金和奖励——如何面对科学界的荣誉？.............129

第十三讲　解密科学发现的过程 137

第十四讲　科学的使命是什么？...157

译名对照表...175

作者序言

我开始从事研究的时候,本书的大多数读者尚未降生。当时,我渴望能读到一本长辈指点后生的书。现在,我自己就在试图撰写这种书。这不是想倚老卖老,而是坦率地承认这样的事实:大部分的科学家年纪尚轻,而积极献身研究的人是不会总把自己当老人看待的。

我同样充分认识到自己已经加入波洛涅斯(Polonius)、切斯特菲尔德勋爵和科贝特①的行列,他们都因曾对年轻人提出忠告而知名。尽管他们的忠告都不是向年轻科学家提出的,但其中某些内容对年轻科学家同样适用。波洛涅斯的忠告主要是说在品德方面要谨慎从事,虽然人们觉得雷欧提斯(Laertes)急急忙忙地躲开

---

① 威廉·莎士比亚(1603),《哈姆雷特》第1幕第3场;菲利浦·多莫尔·斯坦霍普四世,切斯特菲尔德勋爵(Lord Chesterfield, 1694—1773),《教子书》(*Letters to His Son*, 1774);威廉·科贝特(William Cobbett, 1763—1835),《对年轻男女的忠告》〔*Advice to Young Men and(incidentally) to Young Women*, 1829〕。

了他("父亲,我毕恭毕敬地向您告辞"),但忠告本身并不因此而减色。*

切斯特菲尔德的忠告主要涉及礼貌,特别是奉承人的技巧。这些说教和科学家交往的圈子几乎毫无关联。究其原因,大概是英国文坛巨匠约翰逊博士(Dr. Johnson)曾对此进行过猛烈抨击的缘故。约翰逊博士指出,切斯特菲尔德所传授的是舞蹈教师的礼貌、娼妓的道德。

科贝特的忠告从广义来讲是道义上的,然而也涉及礼貌。虽然科贝特并不具备约翰逊博士那种令人生畏的思想见识,但他的短论所表现出的机智与任何一篇英文散文相比都毫无逊色。读者在阅读本书的特定章节时,可能会发现这些作者的目光闪烁在字里行间(可能是这一位,也可能是那一位,或者包括全部三位)。因为,写一部劝诫人的书很难不受这三位作者以往言论的影响。

这本小册子的范围和目的将在第一讲中说明:本书不是专为科学家撰写的,它对从事探索性活动的所有读者都同样适用。它也不只是写给年轻人的。为了不再给读者增添额外的负担,作者和出版社决定也增写几段对年长科学家的忠告。我还考虑到了另外一批

---

* 波洛涅斯是莎士比亚名剧《哈姆雷特》(Hamlet)中的御前大臣,雷欧提斯是他的儿子。这里引述的是该剧第 1 幕第 3 场的情景:雷欧提斯启程返回法国之前,父亲波洛涅斯对他进行训导;但儿子看来不愿洗耳恭听,急忙告退。参见朱生豪译《莎士比亚全集》第 9 卷,人民文学出版社 1978 年。——译注

读者：非科学家——他们出于某种原因对科学家的乐趣和烦恼感到好奇，渴望知道专业人员的目的动机、喜怒哀乐和习俗惯例。

读者之中可能有人会觉得本书的某一段特别贴切、特别发人深省，那么这一段就是专为他或她而写作的。那些尽人皆知的文字是不会引起人们兴趣的，读者不加注意就翻了过去。

我一直因为英语中缺少一个通性的人称代词和所有格形容词而深感困扰。本书中的"他"（he）在大多数情况下可与"她"（she）互换，"他的"（his）与"她的"（her）亦然。第五讲将能说明，我所讲的一切，如果适用于男子，对女人也同样适用。

本书体现了有关科学及科学家在世界上地位的一种个人"哲学"，这几乎是不可避免的。这是一部固执己见的书籍，为自己辩解则需花费更多笔墨。战时在英国，为了与公众建立某种私人关系，电台的新闻播音员常常这样报出自己的身份："现在是9点钟的新闻节目，是由斯图尔特·希伯德播报的。"我只想这样来说明本书的风格和内容："这些是我的观点，是我本人提出的。"我使用观点一词的目的在于表明，我的意见未经系统的社会学研究证明，也并非经受过多次批评攻击考验的假说。这些意见只是个人的看法，虽然我希望其中某些内容将被科学社会学家选去作适当的研究。

如下的一些经历证明我有撰写本书的资格。我曾在牛津大学担任导师多年；在当时，由专一的导师对学生的学术成长负起完全的责任，这对于师生双方都是有益的。出色的导师传授该门学科的全貌，而不只是他自己恰恰特别感兴趣或特别精通的那一部分。当然，"教学"并不仅仅意味着"传递真实的信息"，这只是一项相对来说较为次要的内容；更重要的是应指导思考和阅读并鼓励反省。后来，我担任了大学中教学系科的负责人，先在伯明翰大学，尔后在伦敦大学学院。此后，我又出任伦敦国家医学研究院院长，有许多科学家在这个规模很大的研究院里工作，他们的年龄及资历各不相同。

在这种环境中，我怀着极大的兴趣观察周围各种事件的发展。再者，我本人也曾是年轻人。

现在暂且停止自吹自擂，我愿意在此表达对资助我工作的斯洛恩基金会（Alfred P. Sloan Foundation）的感激，由于他们的帮助，我才可能这样轻而易举地在繁忙的本职工作之余抽暇写作本书。我的资助者还希望我更多地利用自己作为科学家的个人经验来提出劝诫和列举实例，而我本来不大想这样做。

我的生活环境比较特殊，没有我妻子的支持和协助，就任何题目进行创作都是不可能的。尽管本书的写作是我个人努力完成的，但我妻子也曾阅读此书，因为我对她的鉴赏力及文学评判能力是充分信任的。

整理行文以便出版的工作是由我的秘书兼助手海斯夫人（Mrs. Heys）完成的。

我也愿意特意感谢某些亲密的朋友，感谢他们在我写作及口授本书期间的盛情关怀和耐心。他们是：戴恩哈特（Friedrich Deinhardt）和夫人珍妮（Jean），波尔（Oliver Poole）和夫人巴巴拉（Barbara）以及麦克亚当（Ian McAdam）和夫人帕麦拉（Pamela）。

P. B. 梅多沃

第一讲

科学家究竟是一类什么样的人？

> 科学家是这样一些人，他们具有截然不同的气质，以迥然相异的方式做着各色各样的事情。在科学家中有收藏家、分类家和强迫性整理家；许多人具有侦探的气质，许多是探险家；有些人是艺术家，另一些则是工匠；也有诗人兼科学家或哲学家兼科学家，甚至还有少数神秘主义者。所有这些人应共同具备什么样的才智或气质呢？专一性的科学家肯定是很少的，而大部分确实是科学家的人很可能是另外的样子。

在本书中,"科学"是就其广义而言的,凡以深入探索自然界为目的的活动都属于这个范畴,而探索活动也就是我们通常所说的研究工作。因此,研究本身也就是这本书的主题了。不过科学活动,或以科学为基础的活动分类极其繁多,研究工作只不过是其中很小的一部分。这些活动包括科研管理、科技出版(其重要性与科学本身一起与日俱增)、科学教育以及对许多工业生产过程的监督(通常还包括审批),特别是对药物、熟食、机械制造和纺织品加工实行监督的问题。

在美国最近一次的人口普查中,有49.3万人将自己归类为科学家[1],应用国家科学基金会更精确的分类标准后,人数减少到31.3万,即便如此,这个数字依然很大。英国科学家在总人口中

---

[1] 这些数字引自哈里特·朱克曼所著《科学界的精英》(*Scientific Elite*,London:Macmillan,1977)一书。

所占比重与此大致相仿。英国工业部报告，1976年合格科学家的总数为30.7万，其中22.8万人据称"在经济方面十分活跃"。而在十年前，相应的数字分别是17.5万和4.2万。全世界科学家的总数肯定在75万到100万之间。其中大部分人年纪尚轻，都需要——或在某一特定时刻需要——有人指点。

我将集中论述科学研究的问题，我无须为此而向读者致歉。我这样做是本着与《对年轻作家的忠告》一书作者完全相同的目的，他集中阐述了富于想象力的创作活动，而略去了那些辅助及服务性活动，如印刷、出版或评论，尽管这些也是十分重要的。虽然我论述的主题是各门自然科学中的科学研究，但我也将经常考虑到一般的探索性活动。我认为应该广泛地就社会学、人类学、考古学及"行为科学"等问题发表见解，而不应把讨论限制在实验室、试管和显微镜的范围之内。因为我没有忘记，人类是"自然世界"中最卓越的一群动物，而我们的目的就是寻求对"自然世界"的理解。

要想将"名副其实"地从事研究的科学家与那些显然在机械地进行科学操作的人截然地区分开来并非易事，通常也没有这种必要。在大约50万将自己归类为科学家的实操者（Practitioners）中，很可能有一些是那种管理有素的大型公共游泳池的雇员：他们监测水中的氢离子浓度并观察细菌及真菌的菌落。这种人要求人们承认自己的科学家地位，但我几乎听到的都是人们对此嗤之以鼻、不加理睬。

不过，科学家要有科学家的作为。如果一位服务员有头脑、有抱负，在公共图书馆或夜校里钻研一些细菌学或医学真菌学，他就有可能逐步扩展在中学里学到的科学知识。这样他就肯定会弄清，如何使游泳池适合于人的温度和湿度，同样能促进微生物的生长。反之，能抑制细菌的氯气对人也同样有害。他可能自然而然地想到：怎样才能有效地控制细菌和真菌而无须老板耗费巨资，也不致吓跑顾客呢？在评价可供选择的净化方法时，他可能会进行小规模的试验。总之，他可能会记录细菌菌落密度与使用游泳池的人数之间的关系，并在某一特定日期进行根据他所预计的顾客人数来调整氯浓度的试验。如果完成了这些工作，他将起到科学家而不是雇员的作用。重要的是他应愿意尽可能地弄清事情的真相，并采取措施保证自己对问题的调查看来合情合理。基于这一理由，我不会在"纯粹"科学和应用科学之间划出一条界限，当然，这种等级界限也从来不曾存在。由于人们对纯粹一词的误解，划界问题已经被弄得混乱不堪了。

刚刚踏入科学之门的人肯定会从书本上读到或被告知"科学家如此这般""科学家如此那般"。请他不要相信这些说法。抽象的科学家是没有的。诚然，科学家是存在的，但他们气质各异，有如医生、律师、牧师、检察官或游泳池服务员，科学家是这一切的集合体。因而，在《可解的艺术》一书中，我这样写道：

科学家是这样一些人，他们具有截然不同的气质，以迥然相异的方式做着各色各样的事情。在科学家中有收藏家、分类家和强迫性整理家；许多人具有侦探的气质，许多是探险家；有些人是艺术家，另一些则是工匠；也有诗人兼科学家或哲学家兼科学家，甚至还有少数神秘主义者。所有这些人应共同具备什么样的才智或气质呢？专一性的科学家肯定是很少的，而大部分确实是科学家的人很可能是另外的样子。

记得在谈到参与揭示DNA晶体结构的那些人物①时我曾说过，即便凭空构想出一批人，他们在出身、教育、生活方式、习惯、仪表、风度、现实愿望等方面的差异性也很难再超过詹姆斯·沃森（James Watson）、弗兰西斯·克里克（Francis Crick）、劳伦斯·布拉格（Lawrence Bragg）、罗莎琳·富兰克林（Rosalind Franklin）和莱纳斯·鲍林（Linus Pauling）等人*。

我用神秘主义者这个字眼，是指少数科学家，他们以知道某件尚不为人所知的事为乐趣；他们借这种无知，冲破实证主义的严厉禁锢，达到想入非非的境地。但现在我还得在"甚至还有少数神秘主义者"这句话后面再补充一句"甚至还有少数骗子"，这样

---

① 见P. B. 梅多沃《进步的希望》（*The Hope of Progress*, London: Wildwood House, 1974）一书中"幸运的吉姆"一节。

* 这几位都是参与研究DNA结构的科学家，除富兰克林外，其余都是诺贝尔奖获得者。——译注

说，我是引以为耻的。

我所知道的品德最为败坏的科学家是这样一个人：他从一位同事那里剽窃了若干照片和几段文字，塞进自己的一篇论文中，并由某名牌大学的某学院推荐参加论文竞赛，以期获奖。这篇论文的审阅者之一，恰恰正是遭他剽窃的物主。随之而来的是激烈的争吵，不过剽窃者还算走运，雇用他的机构首先希望的是避免任何丑闻公之于世。此人因而被另一科研机构"重新录用"，并一直用相似的手段，继续干着小打小闹的卑鄙勾当。大部分人感到惊奇：这种人将何以自处？在人们的痛责声中他又于心何安呢？

与许多同事一样，我并不觉得这种罪行令人迷惑或莫名其妙。这件事使我认识到，应该假定：与各行各业的人相比，科学家不无明目张胆地犯重罪的可能。但看到一种剽窃行为竟使科学职业引人入胜、无上荣光、令人钦佩的所有一切都化为乌有，确实令人惊愕不已。

抽象的科学家固然不存在，毋庸置疑，邪恶的科学家同样也不存在。哥特式小说并未以玛丽·雪莱（Mary Shelley）和安妮·拉德克里芙夫人（Mrs. Ann Radcliffe）的作品而告终结。在现代惊险小说中，邪恶的科学家比比皆是（有这么一个人操着浓重的中欧口音狂叫："全世界不久将处于我管辖之下！"）。我觉得，科学家遭到广大公众的猜疑，是他们对这种幼稚文学的陈词滥调消极默许的应得报应。

我认为，有关邪恶科学家的成见可能会妨碍青年人从事科学事业，不过今天的世界如此混乱，以致憧憬上述犯罪生涯的人与厌恶这种生涯的人可能在数量上不相上下。

始自改良主义文学时代的另一种陈规旧套与邪恶的科学家同样难以置信。某人意志坚强、富于献身精神，全然不顾个人的幸福或物质酬劳，在探求真理的过程中，汲取全面的智力和精神营养。不，科学家也是人——这是斯诺（C. P. Snow）在文学上的一项发现。无论促使某人从事某种科学研究事业的动机如何，他必定是很想成为科学家的。我有时可能过多地强调了科研生活中的烦恼和挫折，唯恐人们轻视了这一切。不过科研也是一种巨大的满足和奖赏（我指的并不是物质奖励，当然我也不排除它），它还给人以充分施展自己才智的满足。

第二讲

怎样判断自己是否适合从事科学研究？

> 新手尤其是女性常常担心自己是否具备足够的才智，能不能在科学上做出成绩。这实在是杞人忧天！因为要想成为优秀科学家，不一定非得才智超众。诚然，人们可能认为对精神生活反感淡漠、对抽象概念极不耐烦的人不适合搞科学工作，但在实验科学中，并不要求超然出众的三段推理技巧或卓尔不群的演绎推理天赋。我认为用功、勤奋、意志坚强、孜孜不倦、不屈不挠，不因身处逆境而气馁，这些都是人类的美德。一个人要想成为科学家，首先应具备常识；如果再加上前面那些旧的美德就更好了。

那些自信适宜科研生活的人，有时会由于某些原因而感到沮丧或意志消沉。正如弗兰西斯·培根爵士（Sir Francis Bacon）所指出的："大自然奥妙无穷，真理幽邃境秘，事物晦涩不明，实验困难重重，起因错综复杂而人的辨别力又低劣平庸；人们因而一蹶不振，丧失了继续进取的愿望及希望。"

我们无法预先断定，那种献身追求真理的生活的梦想，是否能使一个初出茅庐的人战胜时而实验失败，时而沮丧地发现自己偏爱的某些想法实际上毫无根据这种种挫折。

我这一生中，曾有两次花费两个春秋以图证实我所偏爱的假说，但后来事实证明它们没有根据，我在科学上一无所获。对科学家来说，这种时刻是艰难的——天空阴沉、日月无光，使他们感到压抑和不适。回首这些困苦往事，我恳切地奉劝年轻科学家要做好几手准备，一旦有证据说明某个结论是错误的，应勇于推翻它。

陈腐的偏见对科研生活的真相作了诸多歪曲。特别重要的是，新手千万不要被这些偏见愚弄。无论人们如何描述科研生活，事实上这种生活激动人心、令人迷恋。当然，就工作时间而论，这一职业耗时甚多，有时令人精疲力竭。科学家的妻子／丈夫或孩子看来也摆脱不了枯燥无味的生活，而自己却得不到应有的补偿（参见第五讲中的"科学家的家人有什么样的难处？"部分）。

新手在判断科研生活的痛苦和欢乐是否均衡之前应该忍耐到底。科学发现会给人带来快乐，完成了棘手的实验能使人感到满足。此时此刻，科学家的眼前豁然开朗〔弗洛伊德（Sigmund Freud）称之为"海阔天空之感"〕，这是对点点滴滴的知识进步的报偿。一旦科学家体验到这些，他就会被科学牢牢吸引，岂会另操他业？

◎ 我想当科学家的动机是什么？

某人想成为科学家，他最初的动机何在？人们期待心理学家能对此发表见解。卢·安德列斯·萨洛姆（Lou Andreas Salome）把过分追求细节的爱好说成是……嗯……"肛门性欲"的一种外在表现。但总的说来，科学家并非吹毛求疵之徒，很幸运，他们也不经常需要在鸡蛋里挑骨头。常言说，好奇是科学家工作的主要动机。在我看来，这种动机压根儿就不恰当。好奇是幼儿园里的字眼儿，老妈子常常唠叨"好奇伤身"。殊不知好奇不一定伤身，兴许在好奇心的驱使下还能找到健身的良策呢!

我认识许多有才华的科学家,说他们具有"探索的冲动"并非言过其实。伊曼努尔·康德（Immanuel Kant）曾谈到查明问题真相的"不懈努力",但他的论据却不能令人完全信服:自然界既然不能满足人们的求知欲,怎么能要求我们树立探求知识的雄心壮志呢?缺乏理解总是使人深感不安和不满。老百姓对此也有所体验,常常见到这种情况:有些稀奇古怪、伤透脑筋的现象得到解释之后,会使听到消息的老百姓深感宽慰。这种情况应该如何解释呢?给他们带来宽慰的不可能是解释本身,因为这种解释的技术性可能过强,不能被人广泛理解。在这里,知识本身不起作用,起作用的是知道某件事已被弄清后带给人的满足。弗兰西斯·培根和扬·阿姆斯·夸美纽斯*是两位为现代科学奠定哲学基础的人物,我将不时引用他们的著作。在这些作品中,有关灯的比喻不时出现。我描写的成人对无知的永无休止的不安或许就相当于儿童对黑暗的恐惧。培根指出,驱散这种不安的唯一方法是在大自然中点燃一盏明灯。

常常有人问我:"是什么因素促使你成为科学家的呢?"我不能昧着良心迎合提问者,给他们以满意的答复。因为在我的记忆中,我好像一直就认为科学家是最激动人心的职业。我读过儒

---

* 夸美纽斯（Jan Amos Comenius, 1592—1670）,捷克教育家,按捷克文译名为考门斯基。——译注

勒·凡尔纳（Jules Verne）和威尔斯（H. G. Wells）的著作，还读过一些未必出色的百科全书，这些都曾给我以劝导和鼓励，但任何一个坚持阅读、刻苦钻研的幸运儿都能找到这些书籍。有些关于恒星、原子、地球和海洋等方面的科普书籍价格虽低，却也能给人以帮助。我同样曾经惧怕黑暗，如果我上一段的推测正确，这些书籍确实曾经帮助我克服那种恐惧感。

◎ 我是否有足以当科学家的才智？

社会给人们造成了一种自卑感，而且这种错误观念没有得到经常而充分的纠正。因此，新手尤其是女性常常担心自己是否具备足够的才智，能不能在科学上做出成绩。这实在是杞人忧天！因为要想成为优秀科学家，不一定非得才智超众。诚然，人们可能认为对精神生活反感淡漠、对抽象概念极不耐烦的人不适合搞科学工作，但在实验科学中，并不要求超然出众的三段推理技巧或卓尔不群的演绎推理天赋。我认为用功、勤奋、意志坚强、孜孜不倦、不屈不挠，不因身处逆境（如经长期含辛茹苦的研究发现，深受自己宠爱的某项假说在很大程度上是错误的）而气馁，这些都是人类的美德。一个人要想成为科学家，首先应具备常识；如果再加上前面那些旧的美德就更好了（这些美德的名声似乎已经令人费解地一落千丈了）。

◎ 智力测验有何参考价值？

在这里，我准备进行一次智力测验，借此来区别普通常识与高级智能活动。据信，科学家有时可能具有或需要具有这种高级智能。埃尔·格列柯*所作油画中的某些人物（尤其是那些圣徒）在很多人看来似乎又高又瘦很不自然。有一位不愿披露姓名的眼科医生推测，画家之所以把人画成这样，是因为他的视力有问题，把人看成了那个样子。既然如此，他必然会画出消瘦修长的人物来。

我有时在学术演讲会上询问听众是否认为上述解释有道理。我在提问的同时指出："如果谁能马上看出这种解释是胡言乱语，而且做出这个判断是基于哲学而不是美学上的理由，那他无疑十分聪明。反之，如果在别人说穿了这种说法的错误之后，仍然看不出错误所在，则此人一定相当愚蠢。"这是一种认识论的解释，即它与关于知识的理论有关。

假定画家的视力缺陷是一种很容易染上的毛病——复视症，那么他看一切物体都是双影的。如果眼科医生的观点正确，患复视症的画家就会把一个人画成两个。如果他这样画了，当他审视自己的作品时，岂不看到每一个人都变成了四个吗？难道他不会怀疑有什么地方不对头吗？如果视觉缺陷是个问题，那么既然只画一个人

---

* 埃尔·格列柯（El Greco，约1541—1614），西班牙画家，原籍希腊。作品多取材于宗教教义，人物形象消瘦修长，并用阴冷的色调来渲染超现实主义的气氛。代表作有《奥尔加斯伯爵的葬礼》《托列多风景》等。——译注

对画家来说是自然的（有表现力的），即便我们的视力有毛病，对我们来说也一定是自然的。埃尔·格列柯画中的某些人物如果消瘦修长很不自然，显然是画家有意画成如此的。

我不愿低估智力技巧在科学中的重要意义，但我认为与其过分夸大技巧的意义，使新手望而却步，还不如把其意义低估一点为好。当然，不同科学学科对能力的要求有很大不同。不过，我曾经嘲弄过认为存在抽象的科学家的想法，因而现在我不能把"科学"当作单一的活动来谈论。收集甲虫并进行分类与研究理论物理学或统计流行病学所需的才智、天资或激情完全不同，但我并不是说前者所需低于后者。科学内部的等级制度和门第观念十分复杂，从这一点来说，对理论物理学的评价当然要高于甲虫分类学，可能因为人们认为在收集甲虫进行分类时，用不着花大气力对自然的秩序进行思考和判断：哪种甲虫没有自己适当的位置呢？

然而，任何这种想法都只不过是归纳法的臆测，经验丰富的分类学家或古生物学家会使新手相信，做好分类工作需要十分审慎，需要相当强的判断力和对亲缘关系的鉴别力，这些能力只能来自经验和获得经验的意志。

不管怎样，科学家并不总把自己看作才智超群的人物——至少某些科学家喜欢声称自己相当笨。这显然是在装腔作势。不过，在某些真理尚未得到确认，迫使科学家为自己留条后路时则另当别论。当然，许多科学家并非足智多谋。但我本人恰巧并不认识科学上的无能之辈，除非在极特殊的意义上来说，有的人经不住文学和美学批评家的威压，把他们本来无足挂齿的评论看得过重，确实显得无能。

由于许多实验科学要求操作技能，人们已经习惯地认为精通并爱好机械和结构方面的操作就预示着实验科学方面的特殊才能。有些人喜欢进行培根型实验（参见第十一讲），认为这是有意义的。例如，迫切地要求了解在点燃了一定量硫黄、硝石和炭末的混合物后将发生什么情况。我们无法断定，成功地进行这类实验是否一定意味着人们会在科学事业上一帆风顺，因为他们还只是无所创见的科学家。设法弄清这些传统观念有没有道理，那是科学社会学家的工作。不过，我并不认为修理收音机或自行车时笨手笨脚的新手就一定和科学无缘。这些技巧并不是与生俱来的，它与灵巧的手法一样，是可以掌握的。认为体力工作低贱、有损自己的尊严，或者以为科学家只有丢下试管和培养皿、熄灭本生灯，衣冠楚楚地坐到桌旁著书立说才能获得成功，这些观点与科学家的事业肯定是格格不入的。指望能通过指使俯首帖耳的下属来进行实验研究也不是科学的信念。这种信念之所以不适用于科学，在于它没有认识到实验既是一种思维形式又是对思想的实际表达。

◎ 急流勇退的策略

试图在科研上一试身手但又发现自己对研究不感兴趣或干脆

对它讨厌的新手，应该离开科学界，而不要有丝毫自责或误入歧途之感。

这话说说容易，但实际上，由于科学家的专业训练如此狭窄和耗时，以至于他们无法胜任其他任何工作。这一过错尤其要记在英国现行教育制度的账上；而在美国则不然，他们大学通识教育的经验比我们要丰富得多。①

离开科学界的科学家可能为此抱恨终生，也可能感到从此得到了解放。如果是后一种情况，那么他放弃科学或许完全正确，但他若是感到悔恨也不无道理：有些科学家曾用惊喜的口吻告诉我，从事科学研究是那样引人入胜、使人赏心悦目，居然还能得到报酬——而且是足够的报酬，实在令人心满意足。

---

① 英国建立大学的热潮发生在 1890—1910 年，这次热潮促使城市学院转变为公立大学，而美国大规模成立大学的运动大约在 100 年前。

第三讲

科学家应该研究什么？

任何科学家，无论年龄大小，要想取得重要的发现，都必须研究重要的问题。枯燥或无聊的问题引出的是枯燥或无聊的答案。问题仅仅"有趣"是不够的。如果研究到足够的深度，几乎所有的问题都是有趣的。

选择问题时就应考虑到问题的答案对科学和人类究竟有什么意义。

许多成功的科学家在确定主要研究方向前都曾在许多不同课题上一试身手，但这种权利只在下面两种情形时才能享受：一是在非常理解你的导师手下做事，二是在研究生尚未加入某项特定工作之时。如果已经加入某项课题，那工作就成了他的责任。

早期的科学家可能会说，提出这种问题的人选择专业时一定犯了错误，但存在这种观念是由于人们相信新手能够马上着手从事科学研究。今天的情况却已迥然不同：现在，毕业后训练已成惯例，有前途的年轻人在某些高级科学家手下当研究生，希望学到老师的本领，还期望获得硕士或博士学位来证明自己的这段经历（博士学位已成为进入世界上几乎任何学术机构的通行证）。即便如此，首先是在选择导师时，随后在获得高级学位后确定从事何种工作时仍需作某些选择。

我本人曾试图获得牛津大学的哲学博士学位并参加了考试，正式获准支付（当时）数额很大的一笔金钱注册并攻读相应学位，但我后来改变了主意。这件事证明，没有博士学位的人也照样能够奋斗〔我的导师杨（J. Z. Young）就不是博士，在我求学时代的牛津大学这肯定是很少见的，尽管后来许多荣誉学位给他带来了地位〕。

选择导师最简捷的办法就是找身边接触最密切的人。例如，你大学毕业前所在系科的学术领导人或其他高级成员，或许他们正在收徒弟或是要添人手。这种选择的好处在于：研究生无须改变学术观点，不更换住处，甚至不用告别原先的朋友。但传统观念对此却并不赞许，而是极力反对年轻毕业生留在本系继续深造，人们对留下来的学生表示不满，执意地列举学术上近亲繁殖的种种弊端。"旅行使人心胸开阔"的观念在人们心中占据崇高的地位，显得新颖独特，它动摇着一切倾向于留下来的毕业生，这是任何其他观念都望尘莫及的。

人们对留在本校深恶痛绝，但这种观念却不免失于偏颇。著名研究学派常常通过近亲繁殖而形成。如果研究生理解本系的工作，并为此感到自豪，他就会尽可能地与懂得前进方向的人保持步调一致。有些单位所开展的工作可能正是某个研究生所渴望、看重和热爱的，那他应该尽一切可能参加；假如哪里有位置就去哪里，不考虑正在进行中的工作，就绝对没有好处。

我可以很自信地说，任何科学家，无论年龄大小，要想取得重要的发现，都必须研究重要的问题。枯燥或无聊的问题引出的是枯燥或无聊的答案。问题仅仅"有趣"是不够的。如果研究到足够的深度，几乎所有的问题都是有趣的。

哪些研究工作不值得一做呢？朱克曼勋爵（Lord Zuckerman）

虚构了一个实例，虽说十分巧妙，却荒谬得难以置信：一位年轻的动物学研究生决定努力研究为什么36%的海刺猬卵上有一个小黑点。这不是重要的问题，要是这位研究生能使任何一个人对他这项工作有所注意和感兴趣就算他走运。当然，住在隔壁的他那可怜的同学不在此列，这位老兄正在研究为什么64%的海刺猬卵上没有黑点。他们等于在进行某种科学自杀，他们的上司也应感到十分羞愧。当然，这个例子纯属想象，因为朱克曼勋爵清楚地知道海刺猬卵是没有黑点的。

不仅如此，选择问题时就应考虑到问题的答案对科学和人类究竟有什么意义。总的说来，科学家对某个问题是否重要的看法相当一致。倘若研究生主办一次讨论会，却无人前来参加或没人提出问题，当然是很可悲的。不过，如果某位长者或同事出于对主持人的支持而提出问题，但提问的内容却表明他们对讨论一点也没听进去，那就更糟了。这是一种警告，是对主持者的迎头重击。

研究生不宜孤军奋战，这样做没有益处。人们参加某些人多手杂的学术课题研究的重要原因之一，就在于需要避免孤军奋战的情况。这种协作课题可能就在他自己的系科内开展，如果不是这样，毕业生就必须反抗上司要他作为研究生来参加本系其他研究工作的努力。由于确有某些导师用颁赠研究生资助金作诱饵招募那些本来被认为不会追随自己的学生，因此上述警告并非是多余的。在现在这个随意配置设备的年代，很容易用同样的方法对待研究生——把他们当成可以随意处置的同事。

研究生获得博士学位后，绝不要花费毕生精力继续其博士工作，那样虽是轻车熟路、不免使人动心，却像走进了死胡同，漫无目的地步入了歧途。许多成功的科学家在确定主要研究方向前都曾在许多不同课题上一试身手，但这种权利只在下面两种情形时才能享受：一是在非常理解你的导师手下做事，二是在研究生尚未加入某项特定工作之时。如果已经加入某项课题，那工作就成了他的责任。

新毕业的博士在很大程度上仍是初学者，因此，现代科学中已经掀起了一场进行"博士后"训练的新的迁徙运动。这场运动传播迅速，比之当年人人想得博士的猎奇行为（如我在牛津大学求学时代的可悲情况）毫不逊色。年轻人在独立从事研究之前总希望获得判断力，毕业后参加研究工作和学术会议通常能使他们如愿以偿。久而久之，他们对哪个单位正在开展真正激动人心、举足轻重的工作，哪里有自己志同道合的同事这类问题都已心中有数。最有能力的一些博士后试图加入某个学术集体。高级科学家欢迎他们，因为既然他们选择此地，他们是会成为出色的同事的。对这些博士后来说，他们则被引进了一个全新的研究领域。

无论人们对博士生的单调工作做何感想，这场新的博士后革命绝对是一件好事，人们殷切期望科学的资助者不要让这场运动衰落下去。

在选择研究题目和工作单位时，年轻科学家须谨防追时髦、赶浪头。跟上伟大思想运动的步伐是一回事，但只是追求某些新奇的组织化学程序或工艺设计则又是另一回事了。

第四讲

如何把自己武装成科学家？

　　初学者必须阅读，但应有方向、有选择，不宜过多。如果经常看见年轻的研究人员埋头于图书馆的杂志堆中，那是很可悲的。

　　有时，所需的仪器设备市场上尚无销售，只在这种极为特殊的情况下才有必要动手制造。设计和制造仪器是一门科学专业，而新手应满足于一项科学事业，不应试图从事两种行业。

　　研究的艺术是指寻求可能解决问题的方法——如寻求问题的要害及弱点等。这个任务常常要靠设计出某些用数量来表示现象或状态的手段解决问题。

研究工作中应用的技术操作和辅助学科名目繁多、十分复杂，容易使新手望而却步，他们推迟了研究工作而去"武装自己"。研究事业将在哪里取得领先地位，随着研究的进展会用到哪种技能，这些问题都无法事先求得答案，"武装自己"的过程也就漫无边际，因而先学习后工作的心理学策略无论如何都是错误的。须知，人们目前所了解和知道的知识、所掌握的技能远远不够，我们常常需要了解和知道更多的知识、掌握更多的技能。掌握某种新技能、学习某门新学科，最大的动力在于急切地需要应用。基于这一原因，许多科学家（我当然也在其中），在没有感到压力时并不学习新学科和新技能，即便这些东西很容易掌握。那些总是在"武装自己"的人就缺少这种压力，他们显示出"读夜校成瘾"的不好倾向，有时这使他们筋疲力尽、无精打采，尽管他们获得了各种学位和能力证书。

◎ 阅读文献的技巧

刚入行的科学工作者常有花费数周乃至数月时间"掌握文献"的倾向，对此人们也有看法。读书过多可能会损害、破坏想象力，无休无止地思考别人的研究工作，有时在心理上就替代了自己的研究，正像阅读恋爱小说可能代替了真实生活中的恋爱一样。科学家对"文献"的看法大相径庭，有些人很少阅读，他们靠口头交谈、私下传阅"手稿"以及类似击鼓传书的方式传递信息。这时，科学的进展只为那些渴望了解这些进展的人所知。不过，这种交流方式只供有特权的科学家享用，他们已经取得了长足进展，别人愿意和他们互通情报。初学者必须阅读，但应有方向、有选择，不宜过多。如果经常看见年轻的研究人员埋头于图书馆的杂志堆中，那是很可悲的。到目前为止，精通科研工作的最好方法就是不断地研究。有必要的话，新手可以不断地请求帮助。长此以往，同事们总会拉他一把，不可能找借口袖手旁观。

从心理学上讲，最重要的是要获得结果，即使这些结果不是第一手的。即使是重复他人的工作，获得结果也会带给人很大的自信：年轻科学家终于觉得自己已经成为科学俱乐部的一员，在讨论班和科学会议上他可以插言道："我自己的经验是……""我得到了完全相同的结果"或"我倾向于同意就此特定目的来说，94号培养基确实优于93号"，然后可以再回到座位上，微微发抖但暗地里却扬扬自得。

　　科学家取得一定经验后，当他回顾自己研究工作的开端时，可能奇怪自己怎么能有勇气开始从事这种工作，会想到自己当时腹中空空、一无所知。当时的情况可能确实如此，但幸运的是他们有足够的自信心，他们相信有那么多与自己不尽相同的人都在这个领域获得了成功，自己看来也不会遭受失败。他们也有足够的现实主义态度，他们知道自己的知识准备永远达不到尽善尽美的程度——学无止境，因而毕生坚持学习是不无益处的。我所认识的各个年龄的科学家都很愿意得到继续提高的机会。

◎ 应该如何利用设备？

　　旧时的科学家有时坚持认为自行制造设备是一种训练。如果仅仅是组装零件，那是很不错的。但示波器的情形却并非如此。大部分现代化仪器设备都过于精密和复杂，难以自行制造。有时，所需的仪器设备市场上尚无销售，只在这种极为特殊的情况下才有必要动手制造。设计和制造仪器是一门科学专业，而新手应满足于一项科学事业，不应试图从事两种行业。那样他的时间无论如何都是不够用的。

　　　　诺维奇勋爵要修理电灯，
　　　　他触电而死——这是报应！

因为富人有这种天职：

他应该把工匠雇用。

这诗所说的可能并非诺维奇勋爵（Lord Norwich），而是希莱尔·贝洛克*。当然，科学家并不富有，但他们的科研资助数额通常经过测算，是能买得起所需的仪器设备的。

◎ 科学研究是一门可解的艺术

俾斯麦**和加富尔***曾把政治的艺术称为"可能的艺术"（the art of the possible）。循此，我称研究的艺术为"可解的艺术"（the art of the soluble）。

有些人别有用心地曲解我的观点，他们说我建议人们去研究容易的问题，便捷地求得答案。他们还说，批评我的那些人就不是这样，他们是因为某些问题难以解决才对其感兴趣的。其实，我讲的研究的艺术是指寻求可能解决问题的方法——如寻求问题的要

---

* 希莱尔·贝洛克（Hilaire Belloc，1870—1953），出生于法国的英国评论家兼诗人。——译注

** 奥托·冯·俾斯麦（Otto von Bismarck，1815—1898），曾任普鲁士王国首相和德意志帝国宰相。保皇派，推行铁血政策，发动过丹麦战争、普奥战争和普法战争，通过王朝战争统一了德意志。——译注

*** 卡米洛·奔索·加富尔（Camillo Benso Conte Cavour，1810—1861），意大利政治家，撒丁王国和意大利王国首相、伯爵，意大利自由贵族和资产阶级君主主宪派领袖。——译注

害及弱点等。这个任务常常要靠设计出某些用数量来表示现象或状态的手段解决问题，迄今为止都是用"相当多""相当少""许多"等词，或是用科学文献中最常用的"显著的"这个词（注射引起了显著的反应）。这种定量研究如果在这个范围内无助于解决问题，就没有别的价值。能够进行定量研究并不能成为科学家，不过，它确实能帮助人成为科学家。

至于我自己成为科学家的过程则很简单：我设计了一种方法，可以检测某只鼠或某个人对来自另外某鼠或某人的移植机体组织发生排斥反应的强度。从此开始了我作为严肃的医学科学家的生涯。

第五讲

科学中的性别偏见和种族歧视

> 但千万记住，不要举居里夫人的例子说明女性能在科学上取得重大成就，这种从特例推及一般的做法不能令人心悦诚服。应该举成千上万卓有成就、在科学事业上自得其乐的女性的例子，说明她们本来就是适合从事科学工作的。
>
> 科学探索是人类常识的巨大来源，如果确实如此，就可以认为，各民族"从事"科学工作的能力没有重大差别这一事实支持了笛卡儿（R. Descartes）的下述观点：常识在人的各种天赋中是分配得最公平的一种。

◎ 如何看待科学界的女性？

在世界各地，有数以万计的女性从事科学研究或其他派生于科学的职业。与男子一样，有些女性长于此道，有些则拙于此道，其情况和原因也与男子大致相仿：能力强、天资高、"富于献身精神"和勤奋工作的就会成功，而懒惰、缺乏想象力或是愚蠢的则败下阵来。

本书的第十三讲将论述科学过程的本质，我在那里提到"直觉"和洞察力在科学中的重要意义。如此说来，我们应该认为女性特别擅长科学——因为人们在性别问题上有一种错觉，认为女性有直觉的特性。女性中持这种观点的人不多，我也根本不认为它正确，因为这里所讲的"直觉"（女性被认为有这方面的"天赋"）是指人际关系方面的某些特殊知觉，并非指科学上的创造性活动——富于想象力的猜想。不过即使女性并不特别精通科学，科学职业对知识女性仍具有特殊的吸引力。长期以来，大学和高级研究机构出于自身利益的考虑，一直给女性以与男子平等的待遇。虽然最近颁布的一项新法律规定雇主应给女性以平等的待遇，但大学和研究机构实行女权平等却不是被迫无奈遵守法律条款的结果，而是基于价值平等的观念。

有人曾对我说："当女科学家很有趣，因为用不着竞争。"不用竞争或许是事实，但奇怪的是，女科学家和男科学家同样热切地希望人们承认自己的优先权，同样会对工作着迷和全神贯注。当科学家无疑是有趣的，但没有任何理由认为男女在这个问题上有什么差别。

有些青年女性从事了科学事业又希望能生孩子，她们就得考察一下雇主有关产假和带薪休假期限的规定。是否有日托托儿所也是需要考虑的一个问题。

有些青年女性有志于科学，但父母双亲、保守的师长却忧心忡忡地出来劝阻，而她们则急于为自己的选择辩护。但千万记住，不要举居里夫人的例子说明女性能在科学上取得重大成就，这种从特例推及一般的做法不能令人心悦诚服。应该举成千上万卓有成就、在科学事业上自得其乐的女性的例子，说明她们本来就是适合从事科学工作的。

我曾在好几个雇用女性的实验室里担任领导，却一直不能总结出女性的科学工作有什么与众不同的模式。我也很难设想有谁能找出这种差别来。

有人为进入学界的女性人数增多感到欢欣鼓舞，却不一定肯为她们提供报酬丰厚、能充分发挥她们聪明才智的机会。因为当前的世界如此复杂多变，所以必须利用占全人类50%的知识和技能，否则世界就几乎无法运转，更谈不上我们社会向善论者所设想的改良了。

◎ 科学家的家人有什么样的难处？

1951—1962年我在伦敦大学学院（University College London）任动物学教授（系主任），在组成"伦敦大学"的各学院中，大学学院历史最久、规模最大。每年圣诞节的上午，许多教学和科研人员都举行咖啡聚会，这是那段生活经历中最令我难忘的一幕。

圣诞佳节这些人聚到学校到底去干什么呢？有一两位先生显然很孤独，他们来是想享受一下同路人（青云直上的那一位）对他们所特有的友情。其他人则来照管一下正在进行的实验，顺便给实验动物小鼠带来圣诞大餐——千把只小鼠咀嚼麦片的噪音在那些喜欢老鼠并祝愿它们过得好的人听来是那样的令人愉快。参加聚会的大多数男子都是家庭里的年轻父亲。此时，他们的妻子却正在家中完成年轻母亲每天必须完成的壮举——照料孩子，承担着家庭事务的重担，并尽可能地管教自己的子女。在这样的家庭里，丈夫帮不上忙，因此对于母亲来说，带大一个孩子要比人家带两个孩子的负担都重。

那些义无反顾地准备与科学家结合的男男女女对某些情况最好预先有所了解，不要等到吃了苦头才恍然大悟。科学家被一项缠人的事业牢牢吸引，看来科学在他们的生活中占据首位，他们大概不能经常和孩子在地板上嬉戏玩耍。科学家的妻子还会发现，每当修理保险丝、检修汽车或是组织家庭假日活动时，自己都得既当爹又当妈。反之，女科学家的丈夫别想指望一进门餐桌上已经摆好了珍馐佳肴，也许他在工作上的负担还没有他妻子重呢。

◎ 夫妻店到底好不好？

有些学校规定不能在同一系科中雇用夫妻，从而防止了夫妻店的形成。这项规定可能是由头脑严谨的管理者想出来的，目的在于防止彼此间偏袒或在评价研究成果时不够"客观"。我在其他讲中将详细论述选择性记忆的问题，由于选择性记忆的影响，分崩离析的夫妻店较之进展顺利的夫妻店容易给我们留下印象。有能力的科学社会学家对夫妻店的利弊可以进行研究，在这种研究取得结果之前，对夫妻店成功与否的任何评价都只能是臆测。

有人认为，对随意组合的研究集体来说，要想合作成功，必须有合适的条件（见第六至八讲），但夫妻间的合作则无须这种条件。我发现这种观点很难令人信服。

我猜想，两夫妇以完全成熟的方式互敬互爱是他们进行有效合作的必要条件。也就是说，夫妻从一开始在一起工作就得互相体谅和理解，恩爱夫妻经过许多年才能够达到这种境地。

夫妻间的竞争特别有害。尽管我曾一度认为夫妻间在评功时不会太不公平，但现在我却不那么肯定了。如果竞争不言自明地遭遇失败，事情倒会好办些。

不过，夫妻研究集体的成员绝不应公开把合作研究的成果归功于某一方——要么把功劳全都让给对方，要么自己独占，都是令人厌恶的。在这类问题的处理上，双方都应慎重行事。

在本书的第六讲至第八讲我提醒读者，科研集体中每个成员的个人习惯都不相同，这使得合作更像是苦行而不是快乐，即便夫妻合作也不例外。不过，夫妻合作与一般人合作相比还是有差别的，只是情况更糟。同事之间碍着面子，即使对对方反感也不能当面指出，但夫妻间却没有拐弯抹角的习惯。彬彬有礼与宽宏大度对于合作起着相同的作用，宽宏大度的原则对夫妻店的约束力绝不亚于其他研究集体。

◎ 广义的沙文主义和种族主义

有人认为，应当预计到女性和男子的科学能力有本质上的不同，而这种差异实际上也是存在的。这是一种隐蔽而特殊的种族主义表现。人们普遍相信，人的科学本领与能力生来就有本质上的差别。

所有民族都乐于认为自己身上存在某些特别擅长进行科学研究的素质。由科学引出的民族自豪感比起拥有一条国内航空线路或核武器库甚至是足球英杰要强烈得多。一位拉瓦锡的同代人曾经说："化学是一门法兰西的科学。"直到现在我还能记起我的中学同学对这种傲慢言论的义愤。埃米尔·费歇尔（Emil Fischer）和弗里茨·哈伯（Fritz Haber）代表了德国化学的全盛时期，说化学是德意志的科学可能更为公正。在此期间，大量年轻的英美化学家涌到德国，是因为德国首先开创了高级生物化学的研究，他们想要获得这些花样翻新的德国博士学位。①

许多美国人认为自己当然是最擅长科学的民族中的一员，有时他们热情地举出实例来证明这一点。其实，这种例子是任何受过正规训练的社会学家都能立即推翻的。我曾在一个由年轻商业经理组成的郊外网球俱乐部的酒吧里听到这样一种说法："当然，日本人的问题在于，他们只能模仿别人，却没有自己独创的想法。"我怀疑那位大嗓门的自以为是的先生现在是否已经意识到，日本人有无穷无尽的灵巧性和创造力。战后，日本科学和以科学为基础的工业日趋成熟，已经为全世界的科学技术增添了巨大的实力。其实，我们在别的场合对类似说法又何尝不曾耳闻呢？有人就曾大声地说：汽车高速行驶非但不会导致事故反而更有利于安全。

---

① 如下事实再清楚不过地说明了德国化学的重要意义：多年以来，想当化学家的人都要学习多年的德文。

据我所知，在科学事业的竞争中，各民族都曾造就一批才华横溢的科学家，各国都曾对世界科学做出与自己地位相称的贡献。基于方法论上的原因，地域差别论从根本上就站不住脚，任何有经验的科学家都不真正相信这种差别的存在。在科学的词典里，没有民族主义的行话。在科学演讲会结束后，谁也不会听到有人说："当然，他把一半幻灯片都放颠倒了，对你来说这就像是塞尔维亚－克罗地亚语一样。"

在那些汇集了各民族科学家的高级研究机构里——如巴黎的巴斯德研究所、伦敦国家医学研究院、弗莱堡的马克斯·普朗克研究所、布鲁塞尔的细胞病理学研究所以及纽约的洛克菲勒大学——研究人员的国籍几乎失去了意义，也很少被人提起。美国人有许多优点，他们慷慨地资助世界各地的研究工作、热心地组织学术会议，这一切促使不标准的英语成为科学的国际语言。在国际学术会议上，是根据宣读科学论文时不同民族的外在表达方式，而不是根据科研工作的不同类型来区别各个民族的。低沉甚至单调的宣读方式最接近于美国的民族风格，这与英国人宣读论文时抑扬顿挫的声调形成鲜明对照。美国人认为英国人的宣读方式滑稽可笑，而瑞典人宣读论文时使用的英语则令人捧腹。

◎ 智力与民族有什么关系吗？

我承认"智力"（intelligent）的概念，也相信智力高低有遗传上的差异。但我却不相信智力这种天赋可以简单地分成等级，不相信能用单一的量值（如 IQ*及其他）对智力进行定量。① 有些心理学家确实相信这些，并由此得出十分愚蠢的结论，在旁人看来，他们的这种做法就像是故意要败坏自己学科的名誉。

第一次世界大战期间美军招募新兵时曾使用"智力测验"的方法。甚至在此之前，埃利斯岛上的美国移民接待站，对可能移民美国的人就已经应用这种测试方法，这样就汇集了大量根本不值得信赖的数据资料。对这些数据的分析使得 IQ 心理学家愚蠢到了无以复加的地步：亨利·哥达德（Henry Goddard）对想要移民美国的人的智商进行研究之后得出结论，申请入境的 83% 的犹太人和 80% 的匈牙利人都是低能的。②

有些人认为犹太人具有从事科学工作及其他专门职业的特殊才能，无论这种观念是否正确，认为犹太人和匈牙利人低能的判断肯定会使这些人反感。托马斯·巴罗格（Thomas Balogh）、

---

* IQ 即 Intelligence Quotient 的缩写，意为智商。——译注

① 见 P. B. 梅多沃：《非自然科学》〔*Unnatural Science*，*New York Review of Books*，24（February 3，1997）〕，第 13—18 页。

② L. J. 卡明：《IQ 的科学与政治》（*The Science and Politics of IQ*，New York: John Wiley & Sons，1974），第 16 页。哥达德的观点引自 1913 年的《心理虚弱学杂志》〔*Journal of Psycho-Asthenics*（sic）〕（原文如此）。

尼古拉斯·卡尔多（Nicholas Kaldor）、乔治·克莱因（George Klein）、亚瑟·柯依斯特勒（Arthur Koestler）、约翰·冯·诺伊曼（John von Neumann）、迈克尔·波兰尼（Michael Polanyi）、阿尔伯特·圣－乔其（Albert Szent-Gyorgyi）、莱奥·西拉德（Leo Szilard）、爱德华·特勒（Edward Teller）和尤金·魏格纳（Eugene Wigner）这一大批学术天才确实说明了匈牙利血统中有某些非凡的素质。

公众舆论把这种看法斥之为令人厌恶的种族主义观点，果真如此吗？否，这些观点根本不是种族主义的，因为它没有高贵种族论的含义。匈牙利人是一个政治实体，不是一个种族；尽管犹太人有许多称其为一个种族的生物学特征，但总的来讲，他们之所以特别擅长科学和学术活动还有许多重要的非遗传原因。犹太人有敬重学术的传统，犹太家庭肯于做出牺牲使后代在学术上进步，犹太人乐于互相帮助。本民族漫长而悲惨的历史使得许多犹太人相信，在这个竞争激烈、常常充满敌意的世界上，只有学术才是取得安全保障和不断进取的最好希望。

人们可能会对上面那份匈牙利裔学界明星的名单（其中恰巧有许多犹太人）做出种族上的解释，但转念一想，这种看法顷刻间便会化为乌有。在维也纳及其附近地区同样能够组织起一个对等的甚至阵容更为强大的学术队伍来竞争这项特殊的世界冠军杯，其中包括：赫尔曼·邦迪（Herman Bondi）、弗洛伊德、卡尔·冯·弗里希（Karl von Frisch）、恩斯特·贡布里希（Ernst Gombrich）、冯·哈耶克（F. A. von Hayek）、康拉德·洛伦兹（Konrad Lorentz）、莉萨·梅特纳（Lisa Meitner）、古斯塔夫·诺萨尔（Gustav Nossall）、马克斯·比路兹（Max Perutz）、卡尔·波普尔（Karl Popper）、埃尔温·薛定谔（Erwin Schrödinger）和路德维希·维特根斯坦（Ludwig Wittgenstein）。

学界天才群星荟萃，文化史学者和历史社会学家需对这种天才群集的现象进行思考和解释。

我认为，科学探索是人类常识的巨大来源，如果确实如此，就可以认为，各民族"从事"科学工作的能力没有重大差别这一事实支持了笛卡儿的下述观点：常识在人的各种天赋中是分配得最公平的一种。

第六讲

科学界你应该知道的那些事儿（一）

想要合作，应当喜欢自己的同事并钦佩他们所特有的天赋，否则就应避免参与合作。合作需要有豁达大度的精神，因而那些发现自己生性嫉妒、经常与同事争风吃醋的人，切勿与他人一道工作。

在合作研究中，技术员依旧是同事，在某些情况下应该充分考虑他们的意见。

合作可能带来终生的友谊，也能导致毕生的不和。如果参与合作者都能——按我实验室里的说法——宽以待人，当然会出现前一种结果，这样，合作就将是一种乐趣，否则就应毫不迟疑地停止进行合作。

"到目前为止那些人造成了多大祸害呢?""那些人说五十年后我们将向月亮上移民。"科学家很快就能发现,在这类谈话中,那些人一词指的正是自己。

科学家当然希望人们对自己有较高的评价,与从事其他职业的人一样,他们也希望自己的称号受到尊重。人们对科学家持两种不同的看法:一种认为科学家对任何问题的判断都是特别有价值的;另一种则认为科学家对任何问题的看法都完全没有价值。这两种态度不可能都是正确的。然而,科学家从一开始就会发现,人们一旦弄清了自己的科学家身份,总会采取上述两种态度中的一种。这些看法类似于政治信仰,是习惯性的、顽固不化的,很难说服或改变。不过,无论人们对你抱什么看法,都不应暴跳如雷。"正因为我是科学家,这就意味着我不是××方面的行家。"这句话在各种场合下都可以套用:谈到比例图示、死海漩涡、女性是否适宜担任神职、罗马帝国东部省份的管理问题等话题时，只消把这些名词填进去就是了。当话题一转，说到碳年代测定法或制造永动机的可能性时，科学家的嗓门就会提高八度，话锋也犀利起来。

有些科学家受到某些俗不可耐的思想驱使，可能会装作对他并不了解的一些文化很感兴趣、理解颇深；更有甚者，听众可能得耐着性子听他炫耀从时髦评论中辗转抄来的文化观点。

不过，科学家也要当心。欺骗是容易露馅的，在科学家中尤其如此。如果不能适应知识性或文学性的谈话，就很容易念错别字或提出过多错误的文化概念，从而露出马脚。念错别字是不会有人出面纠正的，也没人认为值得因为那些错误概念与科学家辩论。

◎ 如何面对在文化上遭受冷落？

在文化上遭受冷落或是觉得自己在其他方面处境不利的科学家，有时可能会愤而退出人文和艺术领域，聊以自慰。心灵受到了伤害，就要想办法补救，于是科学家就变成了万事通——时髦的话题一个接一个：电影剧本、范式、哥德尔定理、乔姆斯基语言学的重要意义以及神秘主义对绘画艺术有多大的影响，听众因而就晕头转向了。这确实是一种野蛮的复仇，因此，往日的朋友一见到他就会退避三舍。万事通经常说的一句话再恰当不过地反映出他们的特点："当然，实际上 x 并不存在；大部人所说的 x 实际上是 y。"

这里，x 可以指人们所相信的任何事件，诸如文艺复兴、浪漫主义兴起或工业革命；据说 y 则常常是无知百姓从未听说过的新名词。不过，科学家变成万事通的危险并不严重，我所认识的两个最糟糕的万事通都是经济学家。

无论科学家决定采取什么方式复仇，要么抛弃文化上的兴趣，要么装扮得无所不知来迷惑下属，他都应扪心自问："我在惩罚谁？"

◎ 科学家应该了解科学史

除非有相反的证据存在，否则科学家都会被假定为是无知粗鲁、审美观粗俗的人物。无论这种看法多么令人恼火，都需要再次告诫年轻科学家不要试图炫耀自己的文化素养以反驳这种非难。无论怎么说，从某些方面考虑这种指责还是很有根据的。我知道许多年轻科学家对思想史漠不关心，即便对自己研究领域内的思想发展也毫不重视。我在《进步的希望》一书中曾试图为这种态度辩护，我指出科学的成长具有特殊性，从某种意义上说，科学本身就包含了自身的文化史；科学家的一切工作与其前辈都有密切的关系；每一个新的概念甚至对新概念的各种设想都完全体现了过去的思想。

法国最杰出的历史学家弗南·布劳德尔（Fernand Braudel）曾说，历史"毁灭了现实"。我不太理解他这话的意思（要知道，这些法文警句着实难懂)。不过,科学的情况确实有本质上的不同:现实毁灭了历史。这种情形可以为科学家轻视思想史的错误开脱。

如果有可能对知识或理解的程度进行定量,并以时间为横坐标将其绘制成图,那么时间—知识曲线与基线的距离不会很大。因为在任何时刻,上述两线之间的总面积都真实地反映着科学的状况。

无论如何,人们普遍认为,轻视思想史就说明在文化上尚未开化。我确实也应指出,对思想的成长及变迁不感兴趣的人,或许不会对精神生活感兴趣。在飞速发展的研究领域内工作的年轻科学家当然应该努力弄清当代学术观点的起源及发展过程。虽然研究历史的动机不是谋求个人利益,但如果年轻科学家发现自己能够顺应事物的发展过程,他最终就可能强烈地意识到自身的价值。

◎ 科学家与宗教信仰

"他所信奉的是绅士派的宗教。"对话在继续。

"那么,先生,这种宗教如何祈祷呢?"

"绅士们不谈论宗教。"

我一贯认为这段对话特别叫人不舒服,它不会给任何人增光添色。如果变换一下对话中的人物,把"绅士"换成"科学家",对话的含义绝不会发生变化,反而会更真实地反映出许多科学家都不信仰宗教这一事实。

有些科学家毫不含糊地声称：对于所有值得提出的问题，科学都能予以解答。而那些没有科学答案的问题，在某种意义上是只有傻瓜才会提出、只有轻信者才能说有答案的那些不是问题的问题和"貌似问题的问题"。如果科学家做出这种声明，那么他就再迅速不过地贬低了自己和自己的职业，在没人要求他这么做时尤其如此。

我高兴地指出，虽然还有不少科学工作者抱有这种看法，但他们却不大可能在大庭广众之下如此愚蠢无礼地讲话。在哲学上成熟的人知道，用科学"攻击"宗教与死抱着宗教不放都是错误的，两者没有太大的差别。科学家一般不以居高临下的态度谈论宗教。但例外的是，有些科学家对目的论据（the Argument from Design）有所偏爱，他们不管怎样理解这一论据，总比普通人有更多机会体验事物自然秩序那无边的法力。

◎ 何时应该捍卫科学？

希望读者不要认为我要求科学家总是唯唯诺诺，但他们应该尽全力维护自己职业的荣誉。人们曾一度认为科学理所当然地会与文明并肩努力，为改善人类的生活而工作，但现在情况已经改变。人们现在认为，科学非但不能为大多数人谋得更大的幸福，其成就反而会使老百姓备感亲切的东西为之减色。科学家肯定听到过上述说法，也必须寻找适当的方法消除这些观念。你还可能听说，由于科学发达，技巧取代了艺术：摄影取代了肖像画；广播电视网的音乐取代了音乐厅内的现场演出；美味佳肴也只好让位于人工代用品。连旧式的带皮面包也得进行化学漂白或"改良"——脱维生素、加维生素，蒸气烘干、预先切成薄片，再用聚乙烯薄膜包得方方正正。

然而，这是老调重弹，它与贪婪无度、制造业的利益和不端行为有更多关系，而科学则与此无缘。早在19世纪，威廉·科贝特就认为所有从业人员都应该自己烤面包吃。他声色俱厉地痛斥市售面包，指责这种面包被明矾弄得味道不对头，填满了土豆粉，没有"谷物的天然甜味，而锯松木板的锯末里还有甜味呢"。其实，我们可能本来认为市售面包的味道蛮不错的。

有人说，正因为人们想要购买，才会生产出这些味同嚼蜡的食品，这种说法实在不足以捍卫现代"食品科学"。它忽视了众所周知的经济学原则——供应导致需求，如果供应还伴随着夸大其词的广告宣传，就更容易在预先切片的代用面包降价打入超级市场之前就给人造成一种印象：代用面包实在要比平常我们在街角铺子里买来的面包更为天然、更饱含着田野的阳光。不过对待科学也得公平，正是科学家自己证明了由完全天然的谷物制成的面包和未经精加工的稻米要比精制白米和经过漂白、脱维生素、加维生素等方法处理的食物对人体更有益处。不过，指望人们对他们永远不会罹患的疾病的疗法鼓掌喝彩则是徒劳的。

◎ 不要贬低科学的价值

大部分老百姓对科学家的职业都不感兴趣，也没有什么印象，科学家时而为此感到有些委屈。

伏尔泰（Voltaire）和塞缪尔·约翰逊（Samuel Johnson）对公众的这种冷漠——无论是实际上的还是表面上的——做出了相同的解释。他们的观点如此接近，其中必有原因。他们的解释是正确的，因此尽管科学家十分不满，也只得让步。科学对人际关系没有重要作用，对统治者与被统治者的关系、对人们内心的情感并无影响，也无法左右使人得志或失意的诸因素，无法影响美学享受的特征和强度。

伏尔泰在《哲学辞典》（*Dictionnaire philosophique*）中指出，"自然科学对人们的日常行为影响甚微，以至于使过去的哲学家甚至都感到根本不需要它。要想学习和掌握某些自然规律必须经过几个世纪的时间才行。可是通晓做人的职责，对于一位圣贤来说，可能只需一天的时间"。

塞缪尔·约翰逊博士也曾在《弥尔顿生平》（*Life of Milton*）一书中指责弥尔顿（J. Milton）和亚伯拉罕·科利（Abraham Cowley）提出的一种学术思想，这两人认为学者除了学习学校内的普通课程外，还应学习天文学、物理学和化学。塞缪尔·约翰逊写道：

"实际上，知识所要求和包含的有关外部自然界和关于科学的知识并不是人类思想中最重要、最经常的活动。我们想要为自己的举止言谈预先做好准备，想要成为有用而讨人喜欢的人，首先需要具备辨别是非的宗教和道德知识，其次应当熟悉人类的历史以及可称得上体现着真理的其他问题，并通过事实证明见解的合理性。无论何时、无论何地，谨慎和公正都可称得上是优点和美德。我们永远是道德主义者，但只是偶尔才成为几何学家。我们与理智本性的交流是必不可少的，但对物质的思考则是自发的、偷闲进行的。自然知识几乎没有什么重要的意义，一个人无须评价自己在流体静力学和天文学方面的技巧就可以知道自己生活的另一半，但他在道德品行和谨慎性格方面的品质却立刻就会表现出来。"

　　这些事实不应损害科学家的自尊，不应减弱他对自己职业的满足——甚至是洋洋自得的心情。如果科学家的工作前途光明，他们能沉浸在研究中，并为研究所鼓舞，这时他们会为那些不能体验这种欣喜之情的人深感遗憾，许多艺术家也有同感。无论一般公众对他们有何种看法，他们都能处之泰然，因为研究的快乐确实完全抵消了这一切。

◎ 学会与他人合作

　　几乎我所有的科研工作都是与他人合作完成的，因此我自认为是这方面的权威。

厨师们在汤盆前挤来挤去；画家们同在一块画布上绘画；工程师们共同研究如何从山的两侧同时开凿一条隧道才能使两个包工队在地下会合，不至于各自在山中挖出一条隧道钻到山的另一面去。而科研合作则与这一切都全然不同。

在计划阶段，合作更像是一次滑稽作家的聚会，因为科学家都明白，一种创见（一种脑电波）只能发生在一个人身上，但我们可以创造一种气氛，在这种环境下研究集体中一个成员的思想可以激发其他成员的思想，因此他们的思想都互为基础共同发展。结果，谁也不能肯定某个思想属于谁。但重要的是，大家共同想出了一个办法。有些年轻科学家觉得有不可抗拒的冲动促使他们这样说话，"你知道，这正是我的想法"或"现在他们都已会合到我的思路上来了……"，这种年轻人不适于进行合作。他和他的同事如果各干各的，结果可能更好。每当初学者提出出色的想法，老同事常常会向他祝贺。但这个想法确实应是新手本人提出的，不应是这种聚会促成的那种协同作用的产物。协同是合作的关键——它意味着合力要大于数个加在同一问题上的分力的总和——但合作不是强制性的，不管研究集体发表多少妄自尊大的宣言，都不能取代个人的作用。进行合作是一种乐趣，但许多科学家独自也能工作得很好，事实也确实如此。

有几句波洛涅斯的箴言可能有助于鉴别科学家是否适合于进行合作。想要合作，应当喜欢自己的同事并钦佩他们所特有的天赋，否则就应避免参与合作。合作需要有豁达大度的精神，因而那些发现自己生性嫉妒、经常与同事争风吃醋的人，切勿与他人一道工作。

参与合作的每个成员都应时常提醒自己："说来吓人，我确实有许多毛病使任何人都很难忍受：对数字反应迟钝；明明牙齿已经漏风，还要声嘶力竭地练唱歌剧名曲；工作丢三落四，遗失了极其重要的资料（例如双盲试验仅有的一份对号表*），等等。"

你们是否要问："你作为合作者的缺点是什么？"我想是会有人想到这一问题的。当然，我的毛病不少，有的还挺严重，但还不至于破坏我与任何一位同事的友谊。我本人很愿意合作，曾先后与许多才干非凡、可亲可爱的同事共同工作，这种合作使我终身受益。

合作进行的工作最后发表的时候，年轻科学家自然希望能在文首署上自己的姓名，不过名次排得不要过于显眼，以免使同事认为不公正——这样他们就不会在背后说三道四了。我本人喜欢并经常采用按字母顺序排列的署名规则。我认为，从长远观点考虑，世界上 Aaronson 们得到的本不应有的好运气足以抵消 Zygysmondis 们所遇到的冷遇和挫折**。

---

* 参见第 84 页正文及译注。
** 此处系指在按英文字母顺序署名时，姓 Aaronson 的人总是排在姓 Zygysmondis 的人之前，因 A 是英文字母顺序中之首字，而 Z 则是最末一字。——译注

◎ 不要把实验技术人员当小工看待

在我刚开始从事研究工作的时代,在板球运动的大本营——勋爵板球场里,人们认为职业球员与业余球员之间理所当然地存在着文化和社会上的深刻差别,即便同属一队的职业和业余球员也要由不同的入口进入比赛场地。温布尔登大赛甚至不允许职业球员参加,这条规则还有更深一层意思,因为在草地网球赛中,为保护业余运动员的利益不受职业球员侵犯,他们需要分开进行比赛;而在板球赛中,正如乔治·奥维尔(George Orwell)所指出的,显著的区别就在于业余运动员可以与职业球员对垒。

当时,同样的一种等级观念被推而广之、理所当然地套用到技术员身上。技术员被看作是实验室里打杂的仆役,他们要完成大部分单调乏味、臭气熏人的工作,忠实地执行着正襟危坐、高瞻远瞩的大师们的指令。这一切都已发生了变化——向好的方面转化了许多。现在谋求技术员职位的人很多,使得雇主有可能把用人标准尽量提高到进入大学所能允许的水平。技术员的职业结构得到承认,他们对自己能力的自信日益增长,自尊心也提高了——自尊是"职业满足感"中最重要的因素之一。技术员从事某些理论工作或实际操作时常常比、也理应比"学术"人员或教学人员干得更为出色。说他们"理应干得出色",是因为技术员有时比他所协助的学者更为专业化。学术人员常常同时担负教学、管理和一系列其他工作,被迫多头并进,难以招架,而技术员则碰不到这些问题。学术人员指导的研究生和本科生也可能过多，使得他不可能对他本应能够从事的所有工作都十分娴熟。

有些冥顽不化的人仍然生活在往昔中，当时认为把职业球员排除在比赛之外是理所应当的。前面阐述的思想肯定会对这些人产生震动。虽然如此，在合作研究中，技术员依旧是同事，在某些情况下应该充分考虑他们的意见，如：某项实验准备评价什么问题，经相互商议决定采取的步骤怎样才能"有助于商业利益"（培根语）。

见多识广、工作一帆风顺的技术员用不了多久就能学会怎样才能使年轻科学家牢牢记住，尽管文凭到手、学绩优异，但他们在科学研究上该学的东西还多着呐——首先该学的就是不要把技术员当小工对待。至于技术员们（参见下面论述"始终要坚持真理"的部分），他们肯定常常并不愿意向自己所协助的学者报告那些令人振奋的结果，孟德尔的园丁可能就曾这样做过。不过我们还是希望学者与技术员之间的关系不要搞得太僵，以至于技术员带来坏消息时还要幸灾乐祸。

合作可能带来终生的友谊，也能导致毕生的不和。如果参与合作者都能——按我实验室里的说法——宽以待人，当然会出现前一种结果，这样，合作就将是一种乐趣，否则就应毫不迟疑地停止进行合作。

第七讲

科学界你应该知道的那些事儿（二）

如果科学家确信某项研究事业只能促进发现一种肮脏的、能更快地毁灭人类的手段时，他千万不要进行这种研究——除非他支持这种罪行。

人类的本性就是这样，如果科学家坦率地承认错误，他甚至会受到人们的赞扬而不至于丢面子——除非他自惭形秽。

重要的是不要施放烟幕以掩盖错误。

错误假说自然而然地会被受欢迎的假说取代，因此这种错误是可以原谅的。虽然如此，错误假说仍会对其信仰者造成巨大损害，因为热爱某个假说的人极不愿意接受否定该假说的实验结果。

某项假说正确与否与人们认为它是否正确的坚信程度没有关系——这就是我对不同年龄科学家的最好忠告。

在科学中，优先权的问题尤为紧迫。因为在科学事业中，任何一种思想学说终究将被公众所周知，所以科学家唯一可以享受的所有感就是曾经首先占有某个思想，即赶在他人之前得出某个答案或那个唯一的答案。

◎ 要遵守道德和契约上的义务

科学家通常对其雇主负有契约上的义务，但他们对真理则负有特殊的、无条件服从的义务。

作为科学家，绝不意味着就可以不遵守公务保密条例和公司的保密守则——公司规定：切勿与生着络腮胡子、戴着墨镜的陌生人忠实地谈论工艺流程。然而，作为科学家同样绝不意味着应该或需要对良心的恳求装聋作哑、紧闭心扉。

一方面负有契约上的义务，另一方面又希望堂堂正正地做事，由此引出了许多棘手的问题，许多科学家都得应付这种局面。在道德上的难题提出之前就应着手加以解决。如果科学家确信某项研究事业只能促进发现一种肮脏的、能更快地毁灭人类的手段时，他千万不要进行这种研究——除非他支持这种罪行。科学家不可能头一次接触这个问题就认识到自己憎恶这种野心。如果他确实从事了在道德上有疑问的研究工作，以后却又公开为此悔过，那么纵然捶胸顿足也显得虚伪、令人难以信服。

◎ 始终要坚持真理

即使是富于创造力和想象力的明智的科学家，在解释事物时仍难免犯错误。也就是说，不可避免地会发表错误的看法或提出经不起推敲的假说。如果全部错误仅限于此，那就无伤大雅，用不着为此辗转反侧。对科学生活的这种骚扰是正常现象，并非事关重大：因为在某甲看来错误的问题，在某乙看来就可能是正确的。如果事情正相反，犯了事实上的错误。譬如，一个石蕊试纸分明变成了蓝色，一位科学工作者却坚持说它变成了红色，这就违背了科学事实。碰到这种情况，那位科学工作者可真需要好好反省一下了，自然应该彻夜不眠，即使到了黎明他也会为失去信誉而痛苦万分。因为这种性质的错误很难甚至不能再使别人相信他的发现是正确的，更不用说建立在这些发现基础之上的假说了。

有一件往事使我记忆犹新。那次我报告说：白色豚鼠的皮肤里存在着一种类似有色动物身上那种制造色素的无色类细胞，并把这项确实有严重错误的事实送去发表了。这是一个最难熬的时刻。我还记得，是一位年轻同事极为仔细地重复了这项工作，安慰了我那不安的心，我很感激他。这项复核工作需要使用显微解剖技术，并要求对组织施行某种处理达24小时之久。我要求他节省时间，缩短这项处理，但他在海军服役时养成的守纪律的习惯促使他坚守操作规程。我们等待了24小时，在这段时间里，我难熬地起草着写给《自然》杂志的撤稿信。如果哪位科学家未曾经历过这种时刻，那他可真是万幸。

当然，如果假定在事实与理论之间、在感觉引出的信息和由此得出的解释之间存在着清晰而容易识别的区别，就把事情看得过于简单了。所有的科学家都倾向于做出这种假定，但现代心理学家却不这样认为，威廉·惠威尔（William Whewell）也不同意这种观点。他指出，即使看来最简单的感觉过程也需有思想过程为其作注解："自然的真面目上笼罩着理论的烟雾。"①

◎ 要坦率地承认错误

有时，科学家尽管采取了最谨慎的防范措施，但仍然会犯事实方面的错误，如果出错是因为想象中应该纯净的酶制剂中混入了杂质或是在该使用纯种小鼠时错用了杂交鼠，那就必须毫不迟疑地承认错误。人类的本性就是这样，如果科学家坦率地承认错误，他甚至会受到人们的赞扬而不至于丢面子——除非他自惭形秽。

重要的是不要施放烟幕以掩盖错误。我认识一位有才华的科学家，他宣称，已经冰冻并在冰冻状态下经过干燥处理的癌细胞仍

---

① 威廉·惠威尔:《归纳科学的哲学》第2版（*The Philosophy of the Inductive Sciences*, 2d ed., London, 1847），第37—42页。

可繁殖成肿瘤。这种说法是错误的，因为他所认为的干燥组织虽然看起来很干（我们用作者的话说，干得风一吹就能满屋里飘），但仍含有25%的水分。这可怜的家伙没有收回自己的意见，反而强词夺理，以致断送了自己的科研前程。他说，实际上他所研究的现象是细胞自身冷冻的生物物理学，并不是人们通常认识的那种残存特性使细胞继续存在的理论。如果他承认了自己的错误、换一个题目研究，本来可能会对科学做出相当大的贡献的。

错误假说自然而然地会被受欢迎的假说取代，因此这种错误是可以原谅的。虽然如此，错误假说仍会对其信仰者造成巨大损害，因为热爱某个假说的人极不愿意接受否定该假说的实验结果。有时他们不用严格的判决性实验检验假说（见第十一讲），反而在周围兜圈子，只检验细枝末节，或只是研究与假说没有直接关系、不会使假说面临反驳威胁的次要问题。我就曾在一个俄国人的实验室里目睹了这种做法：该实验室全靠一种血清支撑局面，不过在大多数外国学者看来，那种血清的功效实际上根本就不存在。

某项假说正确与否与人们认为它是否正确的坚信程度没有关系——这就是我对不同年龄科学家的最好忠告。我们对假说有坚定的信念，其意义仅限于强烈地鼓励我们去考察该假说在判决性评价面前是否站得住脚。

诗人和音乐家很可能认为上述忠告十分可悲，是死气沉沉地搜寻事实的典型，他们正是这样看待科学探索的。我猜测，对他们来讲，只有灵感爆发时的创作才具有特殊的真实性。我还想到，只在某人的天赋接近于天才时，上述猜测才可能是正确的。

惯于欺骗自己的科学家很可能发展到欺骗别人的地步。波洛涅斯对此早有清楚的预见（"尤其要紧的，……"）。*

◎ 过一种热情而不失理性的生活

我坚信，科学家在智力上的创造力和诗人、艺术家等的创造力同出一宗，但是那些在诱发这些创造力的环境下产生出来的种种民间谚语或浪漫故事却在许多方面大相径庭。

科学家要想具有创造性，需要图书馆、实验室和与其他科学家合作。当然，宁静而没有困扰的生活是有帮助的。科学家的工作在贫困、忧虑、悲伤和感情不断遭受折磨的情况下绝不会更深刻、更令人折服。当然，科学家的私生活可能是古怪的，甚至混乱得可笑，但这与他们工作的本质和特征并无特殊关系。假如有个科学家准备割去一只耳朵，人们不会把这种举动解释为受创造力折磨的不幸后果。人们也不会因为他是才华横溢的科学家而原谅这种放荡不羁、古怪离奇的行为。罗纳德·克拉克（Ronald Clarke）在记述

---

* 这是《哈姆雷特》第 1 幕第 3 场中波洛涅斯的一句著名台词，原文如下："尤其要紧的，你必须对你自己忠实。正像有了白昼才有黑夜一样，对自己忠实，才不会对别人欺诈。"见朱生豪译，《莎士比亚全集》第 9 卷，人民文学出版社 1978 年。——译注

哈尔丹（J. B. S. Haldane）的生平时写道①，哈尔丹破坏别人婚姻的不轨行为引起剑桥监督道德风尚六人小组的注意，他们想要以不道德为由剥夺哈尔丹的高级讲师职位（英国的高级讲师相当于美国大学的副教授）。这件风流事引起了一桩离婚案，夏洛蒂·伯吉斯（Charlotte Burghes）离婚后，就成为哈尔丹的第一位妻子。这场景确实颇具喜剧色彩。

由于科学家常常需要在十分安静的条件下进行工作，久而久之，他们也就显得极端单调乏味，与《波厄姆生平》（*La Vie de Bohème*）一类19世纪浪漫派幻想小说中富于创造性的艺术家典型截然不同。

威廉·布雷克（William Blake）曾说："抛弃理性的推演，迎来灵感的潮水。"持这种看法的还有培根、洛克和牛顿。但是科学家确信自己的知识，研究工作深深吸引着他，使他过着热情而又不失理智的生活；科学家可能曾为布雷克的观点而惊奇，却从未因此而困扰。

人们循着俗套把"科学家"讥讽为冷漠地潜心搜集事实，并在事实基础上进行计算的人物，这无异于把诗人描绘成穷困潦倒、蓬头垢面、衣冠不整、一阵阵地发着诗歌狂的瘆病鬼。

---

① 《哈尔丹的生平和工作》（*The Life and Work of J. B. S. Haldane*, London: Hodder and Stoughton, 1968），第75—77页。

◎ 科学发现的优先权

有一种看法（不包括科学家自己）认为科学家是冷漠的、孤傲的，他们不动感情地潜心于探索真理。那些处心积虑地想败坏科学家声誉的人喜欢让人们注意到科学家对优先权的渴望，这些渴望就是科学家认定自己的工作和思想都应该归功于他本人而不能归功于别人。

人们有时把争夺优先权看作一种新的欲望——当代科学家要在拥挤不堪、竞争激烈的世界上维持自己的地位，结果必然如此。不过，这种欲望实在不算新鲜，罗伯特·K. 默顿博士（Dr. R. K. Merton）[1]及其学派的研究已经彻底弄清，对优先权的争夺就像科学本身一样古老，有时这种争夺凶狠毒辣、残酷无情。好几个科学家都试图解决同一个问题，但是能提出解决方案的绝不止一人，即使只有一个答案的情况下也是如此。这样必然会导致优先权之争。

---

[1] 默顿：《科学家的行为模式》〔Behavior Patterns of Scientists, American Scientist, 57（1969）〕，第1—23页。此外参见默顿：《科学发现的优先权》〔Priorities in Scientific Discovery, American Sociological Review, 22（December 1957）〕，第635—659页；《单一科学发现与多重科学发现》〔Singleton and Multiples in Scientific Discovery, Proceedings of the American Philosophical Society, 105（October 1961）〕，第470—486页；《科学家的矛盾心理》〔The Ambivalence of Scientists, Bulletin of the Johns Hopkins Hospital, 112（1963）〕，第77—97页；《对科学中多重发现进行系统研究的阻力》〔Resistance to the Systematic Study of Multiple Discoveries in Science, European Journal of Sociology, 4（1963）〕，第237—282页；《站在巨人的肩上》〔On the Shoulders of Giants, New York: The Free Press, 1965; Harcourt, Brace and World, 1967〕；《科学中的马太效应》〔The Matthew Effect in Science, Science, 159（January 5, 1968）〕，第56—63页。

如果问题的答案只有一个，例如，DNA（脱氧核糖核酸）的晶体结构，那么科学家的压力就很大了。我想，艺术家可能有点看不起科学家的名利欲，但他们的处境与科学家绝不可相提并论。设想同时邀请几位诗人或者音乐家来创作一首抒情诗或一支爱国颂歌，如果某位作者的作品被当作别人的作品发表，无论是谁都会暴跳如雷。但他们遇到的问题并非只有一种答案，两位诗人分别想出同样的诗句，两位作曲家各自谱出同一曲调的赞美乐章，这在统计学上是不可能的，正如我曾在别处所指出的，瓦格纳花了 20 年时间写成《尼伯龙根指环》(*The Ring*) 四联剧中的头三部歌剧，在此期间他用不着担心有人会赶在他之前写出最后一部《众神的黄昏》(*Götterdämmerung*)[*]。

占有的欲望在任何时候都是值得仔细考虑的问题，涉及竞争中的所有权时更是如此——大多数人都有很强的所有感。不论是富有经验、善于洞察和研究事物的新闻工作者，还是思路明晰的史学家、哲学家，亦或是那些精明能干、在繁杂的事物中非常善于筹划和处理资金与人力问题、能排除种种棘手的难题而迅速打开局面的企业家——谁都认为，只要思想属于自己，就理应得到承认。我认为，优先权之争确实存在于各行各业。有时，优先权关系到人们的生计，如汽车和服装设计师，但有时它却会侵犯别人的利益。

---

[*] 理查·瓦格纳（R. Wagner, 1813—1883），德国著名作曲家兼文学家。《尼伯龙根指环》是他的代表作，包括《莱茵河的歌女》《女武神》《齐格费里德》和《众神的黄昏》四部歌剧。——译注

我听说，陆军元帅蒙哥马利勋爵（Lord Montgomery）就曾贪得无厌地追逐个人名利，有时这些名誉本不应归他所有。

在科学中，优先权的问题尤为紧迫。因为在科学事业中，任何一种思想学说终究将被公众所周知，所以科学家唯一可以享受的所有感就是曾经首先占有某个思想，即赶在他人之前得出某个答案或那个唯一的答案。与其他行业一样，在科学领域中独占、吝啬、吞吞吐吐、自私自利都理应遭到谴责。尽管如此，我并不认为占有的欲望有什么不对的地方。可是，对于科学工作者占有优先权的自豪感也采取一种十分傲慢的态度，那实在是人与人之间缺乏相互了解的可悲表现。

科学家如果守口如瓶，当然有损于自己的形象，却也有滑稽的一面。青年研究人员的某些想法很有意思，他们总觉得别人拼命想赶在自己之前完成属于自己的课题。其实，同事们关心的只是各自的一摊研究工作，并不关心别人的课题。过分狡猾多疑、绝口不向同事透露自己工作的科学家很快就会发现，反过来他从别人那里也是一无所获。凯特林（C. F. Kettering）是著名的发明家（减振汽油添加剂）、通用汽车公司的创始人之一。据说他曾指出，过分保密总是得不偿失。我经常与一些亲密的同事组成研究小集体，这种集体有一条约定俗成的规定："把你所知的一切告诉每一个人。"我从未听说有谁因此受到过什么伤害。这条规定十分有益，因为每个科学家所从事的工作都是妙趣横生、举足轻重的。如果和盘托出，实在是给予同事的崇高礼遇。不过，这种科学家必须具有"费厄泼赖"精神。如果他向同事原原本本地介绍了自己的工作，他也得平心静气地、出神地听别人谈他们的工作。你实验室里的趣事可能一桩接一桩地发生，不过最有趣的莫过于年轻科学家（也许两眼烁烁放光，很可能还蓄着大胡子）在走廊里拦住一位（甚至多达三位）同事的去路，从头到尾地讲述自己的实验过程。

在故弄玄虚地兜了个大圈子以后，关于优先权的讨论经常以对詹姆斯·沃森和《双螺旋》(*The Double Helix*) 一书的辩论而告结束。在这个案例中，优先权欲达到了登峰造极的程度。我出于某些理由，曾在《进步的希望》一书中为沃森辩护，基于同样理由，我对人们希望得到重视的欲望也持宽恕态度。在评价沃森其人之前，文人墨客应该想到，作家的习惯无论怎样讨厌、怎样离奇，只要作品说明他们确有天才，总会得到谅解。吉姆·沃森[*]确实是个讨人喜欢的小伙子，我也毫不迟疑地说，《双螺旋》一书堪称经典。DNA结构的发现实在精彩，沃森在其中所起的作用举足轻重。但他的确在许多方面都显得远配不上这项发现，特别是在该露脸的时候他没能露脸——我们对此只能表示惋惜，不应横加指责。

---

[*] 詹姆斯·沃森的爱称。——译注

第八讲

科学界你应该知道的那些事儿（三）

有些人使出浑身解数希望提高自己作为科学家的声望并采用非科学手段败坏他人的名誉，这些就属于科人无行的范围。

科学中有一种门第观念危害最大，即在纯粹科学与应用科学之间划分等级差别。

一个人为了多交友、少树敌，就采取明哲保身的态度，对一些错误行径明知不对也不去批评，这样会适得其反。因为别人反而会觉得他不诚恳，不足以信任。一个人是否能做到广交朋友主要取决于本人的所作所为，而不能靠一味地迁就或默许，特别是不能迁就别人的错误行为，更不能盲目相信那些毫无事实根据、不含任何真理的结论。诚然，如果一个人发现别人的错误就立即指出，不免会得罪一些人，会损害友谊，但他得到的却可能是别人的尊重。

◎ 科人无行——科学界的无耻行为

科人无行（Scientmanship）语出斯蒂芬·波特（Stephen Potter），专指科学中压人一头的（one-upmanship）作风。至于科人（Scientman）一词的缘起，奥宁斯（Onions）在其语源学辞典[①]中曾有考证，系用一个描述从事科学工作的人的单词。直到1840年，科学家（Scientist）一词才由惠威尔首创，此人在科学名词命名方面的工作是空前的。伦敦皇家自然知识促进学会的一份出版物记载了惠威尔与迈克尔·法拉第（Michael Faraday）的通信，他们在信中讨论了如何为电池两极规定贴切的名称。法拉第曾建议采用伏打极与伽伐尼极、右极与左极、东极与西极以及锌极与铂极等几种方案。惠威尔带有几分羞怯地做出最后决定："亲爱的先生，

[①] C. T. 奥宁斯编：《牛津英语语源学辞典》（*The Oxford Dictionary of English Etymology*, Oxford: Clarendon Press, 1966）。

我倾向于将其命名为阳极和阴极。"他们从此就沿用这两个名称。

有些人使出浑身解数希望提高自己作为科学家的声望并采用非科学手段败坏他人的名誉,这些就属于科人无行的范围。这种行为十分可耻,也可悲地暴露出这种人的鸡肠狗肚。然而,它却并非始自今日。默顿指出,伽利略(Galileo)就曾被一位竞争对手弄得苦不堪言,那人"试图贬低人们对伽利略发明天文望远镜的任何赞扬"。

有些科学家剽窃了别人的思想,还要想方设法给人造成一种印象:他本人和受到他损害的科学家都是各自独立地从某个更早的来源获得这个思想的,这种行为特别卑鄙。我还记得,当一位旧友用这种手段伤害我本人时,我曾大吃一惊:他采用了我不久前提出的一种方法,却不因我的思想对他的研究有所启发而对我表示感谢。

另一种肮脏的手段是,只从所获得教益的作者的一系列科研论文中引用最近的作品,反而大量地回溯引用自己年代久远的研究工作。有人在公开发表的论文中略去某些技术细节,使得别人无法弥补作者遗漏的内容,也不能证明作者的全部观点纯属臆测。"无行"到这种地步简直是无耻之尤,也实难原谅。那些人在使用这些雕虫小技时,或许无意为自己开脱。他们自己这样想,并且也期望人们这样去想他们。

有些人挑剔成癖,在他们看来任何证据的说服力都不充分

（"我对……并不感到高兴"；"必须指出，我尚未被……完全说服"），而那些"无行""科人"的另一种手段就是抓住这种人的弱点对其施加影响。另一种诡计是暗示某人早已想到或完成了某事（"我在帕萨迪纳曾得出相似的实验结果，当时我正是这么想的"）。我认识一位高级的医学科学家，他对别人的研究总是过分挑剔，人们甚至因此怀疑他是否生来就不会相信别人。考虑到他的智力，人们认为他没有自己的思想（这可能有助于解释他那种鸡蛋里挑骨头的脾气），但是当他好不容易有了一个自己的想法——天哪，这想法简直就成了亘古未有、博大精深、发人深省的经典。此时此刻，他的挑剔已荡然无存，他完全被自己的理论所愚弄，谁要敢说这理论半个不字就可能招来充满敌意的愤恨。

在玩弄这种诡计时，科学家心中是有数的，我想，他们每要一次花招，就给自己平添几分无能为力、自甘堕落之情。这实在令人惋惜，因为他自己那些正确的观点还是值得人们采纳的。

◎ 纯粹科学与应用科学有高低贵贱吗？

科学中有一种门第观念危害最大，即在纯粹科学与应用科学之间划分等级差别。门第观念最重的国家要属英国，在那里，绅士阶级长期以来对工艺及任何有可能促进工艺的活动深恶痛绝。

人们完全误解了纯粹一词的本意，却认为这个词意在赋予纯粹科学以超越应用科学的显赫地位。因而，按这种误解划分出来的等级差别也就特别令人生厌。纯粹一词本来被用作限定下面这种科学——该科学的公理，即第一原理并不是来自观察或实验（这两者都是粗俗的活动），而是来自纯粹的直觉或启示，或具有某种无须证明的性质。纯粹科学家对自己与上帝得天独厚的关系感到放心，他们自恃高于那些用解剖动物尸体、煅烧金属或混合各种化学物质的方法来探寻自然事件的各种未必存在着联系的人。所有这些活动似乎都过于低贱，有失学者的身份，而且总的来说带有过多的艺人和工匠色彩。我在牛津大学当教师时那些研究人文学科的同事就持这种看法。

应用科学家总是不能适应社交场合的气氛。虽然他们力图做到宽宏大量，但即便最不挑剔的应用科学家也会被挤出社交圈去（"如果你的妹妹要嫁给应用科学家，你将做何感想？"）。我们的培根勋爵不是把纯粹科学比作在自然界中点燃的一盏明灯吗？上帝早就想到了应该造灯，但那时他还顾不上什么应用科学呢！

这种门第观念一直延续了300多年。1667年，为伦敦皇家自然知识促进学会撰史的一位学者这样写道〔他文中的"发明"是指人工的设计和装置——亦即技艺（arts）；这里"技艺"包括了手艺、装置与设计，也就是指思想体现成或转化为行动的各种不同方法。〕：

发明是一项伟大的工作，位居低下粗俗的才能之上。它要求发明者具备积极、勇敢、聪敏而不知疲倦的性格，要蔑视千难万险，而平庸之徒可能会被困难吓破了胆；需要漫无目的地进行许多努力；还要花费大量金钱却很可能得不到报偿；此外，还要有狂热而活跃的思想，要容忍例外和违反常规的行为，而按照谨小慎微的清规戒律是很难原谅这一切的。①

但是，托马斯·斯普拉特（Thomas Sprat）并不认为应用科学在没有实验哲学背景的情况下就可以取得进步："要想确保在手工技艺方面不断取得进展，应该有实验哲学的指导……力量来自知识。"②在此之前，斯普拉特在《伦敦皇家自然知识促进学会的历史》一书前半部就曾指出："英语国家首先应当改进的问题就是工业……发展工业的真谛就在于采用伦敦皇家自然知识促进学会在哲学上已经开创的方法，并经过工作和努力来实现，而不是通过堆砌辞藻和颁布命令来实现。"③后一段话可能会使人们大为震惊。

结合时代背景，斯普拉特的观点就很好理解了。因为当时英国的机器工业正在突飞猛进地发展，人类正经历着第一次工业革命。更奇怪的可能是塞缪尔·泰勒·科尔里奇（Samuel Taylor Coleridge）在《大百科全书》（*Encyclopaedia Metropolitana*）导言

---

① 托马斯·斯普拉特：《伦敦皇家自然知识促进学会的历史》（*The History of the Royal Society of London for the Improving of Natural Knowledge*，1667），第392页。
② 同上书，第393页。
③ 同上书，第421页。

中写下的一段劝诫:"在阿克赖特乡村,当然不能认为商业哲学已经独立于力学;而在戴维曾经发表过农业演讲的地方,如果说大部分化学上的哲学观点都对农业丰收无所助益则是愚蠢的。"

轻视应用科学招致了不幸的后果——矫枉过正:人们注重科学的实际应用,纯粹科学因而受到了损害。在英国,不恰当地大力提倡按零售商业原则(即所谓消费者—承包商原则)资助科学研究,断送了纯粹科学。贬义地使用学术一词的现象日趋普遍,但还仅限于知识界的下层。从斯普拉特的论述来看,他可能认为这种观念上的变化十分奇怪。

培根勋爵认为,光的实验与果实的实验*两者缺一不可。我们反复向人们灌输这种观点,但奇怪的是,许多人不承认这种观点的必要性。他们常说,这样做有什么实际的好处呢?他们因此被人视为唯利是图,这实在是自作自受。可以预期,他们不仅在实验中贯彻这种精神,在自己的生活和行动中也遵循同一原则。他们做任何事情都要先问:这样有什么实际的好处呢?但他们应该知道,在实验这种广博而多方面的技术中,实用的程度也分三六九等:有些实验可以为现实服务、直接发挥效益,但平淡无奇;有些实验只是为了教学,没有明显的效益;还有些实验目前只是为了启迪思想,以后才能应用;还有一些实验则只是为了装点门面,满足好奇心而已。这些人固执地蔑视一切不会带给他们现实利益、不能使他们有

---

* 系指纯理论性的实验与实用价值较大的实验。——译注

即时收益的实验。他们甚至会对上帝吹毛求疵，指责他老人家为何不把一年四季都规定成收稻割麦摘葡萄的时节。①

你说奇怪不奇怪？

◎ 如何不带偏见地批评他人？

一个人为了多交友、少树敌，就采取明哲保身的态度，对一些错误行径明知不对也不去批评，这样会适得其反。因为别人反而会觉得他不诚恳，不足以信任。一个人是否能做到广交朋友主要取决于本人的所作所为，而不能靠一味地迁就或默许，特别是不能迁就别人的错误行为，更不能盲目相信那些毫无事实根据、不含任何真理的结论。诚然，如果一个人发现别人的错误就立即指出，不免会得罪一些人，会损害友谊，但他得到的却可能是别人的尊重。

多年以来，我搜集了一些多多少少是错误的观点，对其中某些错误观点的讨论可能有助于为我刚才所提到的那种批评提供例证。

人们不是时常傲慢地说"现代医学甚至连感冒都治不好"这样的话吗？这话之所以令人讨厌，并不是因为它本身有什么错误（这本来是事实），而在于其内在含义：现代科学连……在这种情况下，花费数十亿美元去研究癌症岂不毫无意义？错就错在人们普

---

① 托马斯·斯普拉特：《伦敦皇家自然知识促进学会的历史》(*The History of the Royal Society of London for the Improving of Natural Knowledge*，1667)，第245页。

遍认为：疾病的临床经过和缓，其病因就简单；临床经过凶险，其病因就复杂，探索病因及治疗疾病也相应比较困难。这两种看法都是错误的。感冒系由一种或多种数目巨大的上呼吸道病毒所引起，并伴有过度的变态反应，是一种极为复杂的疾病。湿疹的情况与此相同，这种疾病的大部分形式仍然搞不清楚。另一方面，某些严重疾病（如苯酮尿）的病因却很简单，有些病可以预防，如苯酮尿；另一些可以治疗，如许多细菌感染。某些癌症的病因也十分简单，并且可以预防——如吸烟及某些化学物质导致的癌症。实际上，可靠的鉴定已经指出，由外在因素导致的癌症高达80%。

还有一种说法与对感冒的评论很相似："癌症是一种文明病。"由于工业化国家的癌症发病率较发展中国家为高，这种推理看来是理所当然的。但熟悉人口统计学和流行病学的人总是要顽固地问一问被比较的人群是否真正具有可比性——在此例中两者就是不可比的。西方人癌症发病率较高的原因是其期待寿命相对较高——即不因其他原因而死亡，而癌症恰恰是一种中老年疾病，前面的推理因此根本站不住脚。对死亡率的比较只有在人群的诸变量都标准化之后才是正确的，如：年龄构成相同、诊断技术造成的误差得到校正。

科学家如果要把人们的注意力引向某种幻觉，从而由选择记忆造成判断上的假象，也同样会失去朋友的信任。"有三回，只多不少，我头天晚上梦见温弗莱德表姐，转天她就打电话把我吵醒。

如果这还不能证明梦能够预测未来，那我简直不知道还有什么能够预测未来了。"但是，年轻科学家提出了劝告：有多少次你梦见温弗莱德表姐之后没有接到电话呢？她每天都打电话给你，这难道不是事实吗？我们记住的只是引人瞩目的联系。碰到一两次不幸，人们还不会牢牢记住，可是事不过三：一而再、再而三地（或是迷信所规定的随便什么数字）遭遇不幸，人们大概就会刻骨铭心。比如说，如果哪位司机开车的技术不好，那些先入为主的男子一眼就看出开车的是个女的，并记在心中。于是他自信地认为女人的开车技术就是差劲，却丝毫察觉不出自己的判断有误。

在谈到类似这样的事例时，内分泌学家莱特·英格尔博士（Dr. Dwight Ingle）举了这样一个可笑的例子：

精神病学家：你为什么要这样抽打自己的手臂？

病人：为了困住野象。

精神病学家：可这里一只野象都没有。

病人：对了。这样不是管用了吗？

许多人都会犯从个别推及一般的错误，其中的科学家恐怕不乏其人。例如，经典胚胎学家一度曾惯于认为古时的完整解剖学记录可以为解释发育过程提供足够的证据。

对付迷信并不是轻而易举的。对待占星术的预言不必过分追究，这样可能更好。虽然有必要提醒人们注意占星术预言从逻辑上来说根本不能成立，也没有任何令人信服的证据说明这些预言的正确性，但最多只能提醒一次。不过说到底，最好还是别招惹是非——我本人在过去一段时间里就绝口不谈意念制动及其他"特异功能"现象。

人们会因为偏爱某些实验结果而讨厌另一些结果。聪明的科学家和医生为警惕这种倾向真是费尽了心机。如果某项实验的条件不能被充分控制，就要做出周密的安排，以确保一旦发生问题，那些不易监测的错误根源，能将人们想要证实的那个假说的不足之处暴露出来。而且，即便是经验丰富、声誉卓著的临床专家也会欣然同意进行"双盲试验"——在进行这种试验时，医患双方都不知道病人服用的到底是假定有效的药物还是色味与药物相同的安慰剂。如果试验严格按步骤进行，如果研究小组里掌管试验对号表的人没把它丢失*，就可以在完全客观的基础上评价这种疗法，既不受病人的影响，也不受医生的左右。

夸大药物的疗效很少是因为想要骗人，每个人都容易下意识地这样做。病人希望痊愈，医生希望病人好转，药品公司也希望医生能办到这一点，而临床实验的目的正是为了避免受这种共同愿望的迷惑。

---

* 在进行双盲试验的过程中，医患双方都不清楚服用的是什么药物，判断结果时要根据对号表才能弄清某个病人到底服用的是药物还是安慰剂，因此对号表的作用是举足轻重的。——译注

第九讲

年轻科学家与年长科学家的相处之道

正在工作的科学家从不会想到自己已经衰老，只要健康情况允许、没到退休年龄、命运还允许他们继续从事研究的话，他们就觉得自己每天早晨都能获得再生。

过分相信自己观点的正确性，是老年狂妄的一种。年长科学家的这种老年狂妄与年轻科学家的妄自尊大一样令人生厌。

年轻人也不要想办法巴结前辈。溜须拍马常常遭受失败，最好干脆别这么做。

从生活的另一面来考察长幼关系，我认为年轻人对师长采取友善尊重的态度是适合的。

管理者的职责是弄钱，科学家的工作是花钱。

人们认为科学家与管理人员的关系确实常常处在深深隐藏的、一触即发的紧张状态中；但随着年龄和经验的增长，人们得到的教益之一就是意识到了如果创成一种和睦的气氛，于大家都有利。

青年固然招人喜爱，却容易犯错误，除非对此提高警惕，否则将一事无成。

◎ 切不可妄自尊大

成功对年轻科学家有时反而会起坏作用。在年轻天才的眼中，霎时间别人的工作在设计上都显得草率、极不熟练。年轻的天才在"亲自考察"之前绝不接受这些工作。是的，在下一次的学会会议上他当然会再提交一篇论文的。不错，上次开会时他是报告过一篇论文，可自从那时以来情况已经发生了变化呀，那么多人都眼巴巴地盼着听听这些新近的发展呢！

旧时治疗狂妄自大有个土办法：用一只涨大的猪膀胱给自大者以迎头痛击——在那些人看来这种警告宜早不宜迟，等到年轻科学家吃了苦头就太晚了。其实他们是为了年轻科学家好，打是疼、骂是爱嘛！

◎ 展现自己的才华

他很年轻，如果确实才华横溢：表现出犀利的思想、快若闪电的理解力；具有不可思议的本领，居然能查出只有某个中美洲国家的《国立科学院会报》（*Proceedings of the National Academy of Sciences*）和早就过期的《杂货商与鱼贩子》（*The Grocer and Fishmonger*）杂志才会刊登的那些事实和概念——这样，同事们对他就会采取宽容态度，甚至可能为他感到骄傲。

◎ 要有雄心，但不要有野心

没有雄心干不成大事，如此说来，雄心勃勃实在算不上弥天大罪。不过雄心过大变成野心，可就确实有损形象了。雄心勃勃的年轻科学家有一个特点：对与其工作无关或不能对他有所帮助的人和事不屑一顾。课讲得不好不去听，讨论班办得不好不参加，谁议论了他也会遭到白眼。在雄心的驱使下，他们明显地对用得着的人毕恭毕敬，对用不着的人则粗暴无礼。"我想，对他我们不必太规矩。"牛津大学有位踌躇满志的青年教师这样对我谈起一位吃饭时坐雅座的和蔼可亲的老头儿，那人还是个业余科学爱好者。好在他并没有这样做。尽管这句话无伤大雅，但还是反映了他的心境。

◎ 当年轻科学家遇上年长科学家

和其他人一样，随着年龄的增长，每当年轻科学家即将跨入人生旅程中又一个新的十年的时候，他大概会提醒自己说："哎，好了，过去的也就过去了。有趣倒是十分有趣，但是现在什么都不存在，什么都不要去想了。只有矜持自若地打发时光，只有希望自己的某些工作能比自己存留得稍为长久一些。"

虽然大多数普通人具有这种阴暗思想，但它与科学家却有点风马牛不相及。正在工作的科学家从不会想到自己已经衰老，只要健康情况允许、没到退休年龄、命运还允许他们继续从事研究的话，他们就觉得自己每天早晨都能获得再生。其实，这种情感本来是只供年轻科学家专享的。美国生物学界曾经涌现出一代英豪，他们最可爱的特点之一就是彼此传递上述那种再生之情。惯常的生死规律仿佛对他们失去了作用，连体力上的衰退也姗姗来迟，请看他们的年龄：佩顿·卢斯（Peyton Rous，1879—1970），帕克尔（G. H. Parker，1864—1955），罗斯·G. 哈里森（Ross G. Harrison，1870—1959），康克林（E. G. Conklin，1863—1952），还有查理斯·B. 哈金斯（Charles B. Huggins，1901—1997）。

为什么随着年龄的增长能力会急剧衰退？对这个问题还没人做出令人信服的解释。有人猜想是因为创造性发生了急剧的下降。威尔第（Verdi）80多岁时写出的《福尔斯泰夫》（*Falstaff*）常被人用作反驳上述理论的证据。威尔第之后的一位画坛巨匠也证明了这一点。"研究是年轻人的游戏",这种说法并不正确,说年轻人过多地获得重奖也没有根据。朱克曼曾对美国的诺贝尔奖获得者进行研究,写成《科学界的精英》(Scientific Elite)一书,她指出:按保险术语的说法,就"风险"人口而论(即对科学做出贡献有风险的那些人口),获奖者完成其获奖工作的众数年龄*是中年早期。

很遗憾,老实说,我一想到年长科学家,眼前就呈现出这样的情景:一帮头发灰白的老人,都坚信自己的观点正确,都对科学思想未来将如何发展发表见解。其实哲学家们知道,这种见解根本就站不住脚。①

在我中年的时候,我成了霍华德·弗洛里爵士的密友,他是我的第一位上司,以前曾从真菌中提取出青霉素。弗洛里对于要花费那么多时间和精力为自己的研究寻求基金资助极为不满。他本来指望一个由显贵组成的委员会能够提供资助,也提出了申请,可是不行,这些精明的灰发老头脑袋摇得像拨浪鼓(按弗洛里的说法,

---

* 众数是统计学名词,指统计总体各单位在某一标志上出现次数最多的变量值。按科学家获奖年龄对科学家进行分组,人数最多的那组就被称为获奖的众数年龄。——译注

① 见 P. B. 梅多沃,《生物学回忆》(A Biological Retrospect),载《可解的艺术》(The Art of the Soluble, New York: Barnes and Noble, 1967),请特别参看该书第 99 页,此页一开始就驳斥了那种认为未来的思想可以预测的观念。

"可能不过是脑袋直哆嗦")。他们宣称，抗菌疗法的未来有赖于人工合成的有机化合物 —— 杰哈德·多马克（Gerhard Domagk）的磺胺就是个样板。当然，不能指望从真菌或细菌中提取出来的物质能派什么用场，这些药似乎只在《马克白斯》(*Macbeth*)第四幕第一场中的药典上才有记载。一位研究上述显贵团体历史的学者曾在私下为他们开脱，他对我说：当时他们采取那种观点是很有道理的，不过这种辩解没有什么说服力。不应把这与弗洛里的急躁放肆和过分自信联系起来 —— 但实际上是有关系的。该委员会的错误是，他们在一个只把含糊不清的试探性观点视为正当的环境下做出了过分自信的判断。

我尤其不能原谅的是，他们有关磺胺和合成有机化合物的看法总的说来是这样缺乏想象，反应迟钝。根据公事保密守则，做出上述决定的过程永远不能大白于天下。但我却能想象出当时的情景，能知道他们最终是怎么就这样一个陈腐至极的观点达成了一致的。他们认为，总有一天（呵，不过毕竟打起仗来了）合成的有机化学药物会把生物学家花九牛二虎之力酿造的药品横扫一空。然而，据我所知，委员会内真正有头脑的成员可能也曾认为弗洛里和弗莱明（A. Fleming）的想法值得一试，可他们被反对者说服了。反对者的语气那么自信，语调那么武断，支持者不愿被人说成是老古板，不愿为明显过时的观点充当斗士。

过分相信自己观点的正确性，是老年狂妄的一种。年长科学家的这种老年狂妄与年轻科学家的妄自尊大一样令人生厌。

有些人认为，用于研究的金钱数额有限，因此必须在课题之间进行选择。他们一下子就认定上述议论是极不公正的。这话一点不错，年轻科学家不会责怪人们在选择时的判断失误。但如果这些人自称绝对正确，就肯定会激起憎恶之情。这正和人们很少因为预言错误责怪算卦先生和靠预测赛马结果吃饭的人一样。这些人倒常常因为宣称自己肯定正确而遭到痛骂。古时曾有人提醒得意忘形的罗马皇帝当心自己必死的天数；现在也总是有人提醒身居要职的高级科学家，要他们明白自己很容易犯错误，也常常犯错误。我在弗洛里实验室工作期间，弗洛里教授曾向我抱怨，他那时好像得用大部分时间来为别人创造工作条件。他的心肠很好，也没有什么心计，在他看来年长科学家的首要职责就是要提携后进。

说到年长科学家，年轻科学家休想指望前辈学者能记住自己的姓名甚至脸形，尽管就在去年他们还曾与自己一道漫步于大西洋城[①]的海滨小路，友好地进行了交谈。

年轻人也不要想办法巴结前辈。溜须拍马常常遭受失败，最好干脆别这么做。

高级科学家喜欢的不是阿谀奉承和有时显然是虚伪的尊敬，而是人们对自己的观点进行严肃的批评。然而，年轻科学家不会用

---

① 美国实验生物学学会的年会常在大西洋城举行，会议规模很大，汇集了几千名科学家。在会上，高级科学家常常招募讨自己喜欢的正在找工作的年轻人当助手。

使未来导师的观点受到大家严厉批评的方式来讨他的欢心。除了礼貌以外，长者对年轻科学家别无他求。科贝特对于"溜须拍马"的卑鄙行为毫不留情，他说："不要从宠爱、偏袒、友谊和所谓利益中去寻求成功之路，请你牢记心中，你只能依靠自己的优点和奋发努力。"

至于年长科学家，也须谨记（我本人就常常忘却）：即便最有才华的晚辈，也记不住当 O. T. 艾弗里*宣布肺炎球菌的转型是通过 DNA 的作用得以实现时，到底引起了多大轰动。无论如何，现在的研究生在 1944 年时大多尚未出生，在他们看来，这些很久以前发生的事就像是属于前寒武纪时代一样。戴尔（Dale）的架子有多大，阿斯特伯里（Astbury）脾气有多古怪，汤姆逊（J. J. Thompson）整治下属时如何在行，一听到这些年轻人就头痛。他们迫使自己对这些奇闻轶事发生兴趣，不过他们很快就发现自己禁不住真的对此有了兴趣，而且从中获得了某些思想上的启迪。其实，切斯特菲尔德勋爵可能早就告诉过他们这一点。

一事无成的老者可能会说："看到伍瑟斯普恩荣获今年的化学奖，令我欢欣鼓舞。他是我的学生，你要知道——本来你就知道，可是——想当年他就精明强干。"即便说这话的动机是自吹自擂，

---

* 艾弗里（O. T. Avery，1877—1955），美国遗传学家，1944 年他与别人合作，发现导致肺炎球菌转型的原因在于细菌内的 DNA。这项实验确证了 DNA 是遗传物质的载体，是现代遗传学史上的里程碑。——译注

人们却都把这看成是自然而然，可以接受的。这位老者的宽广胸怀并非人皆有之，因为出于心理学上的复杂原因，有些导师和上司以惯于"吃掉"年轻人著称。

从生活的另一面来考察长幼关系，我认为年轻人对师长采取友善尊重的态度是适合的。"老伍瑟斯普恩死了，我很遗憾；当然，你是知道的，他压根儿就没什么大用。"年轻人说出这种话来就太不中听了，当然你不会这么说的。要是这话被切斯特菲尔德勋爵听见，他肯定会感到难以言状的震惊。即使话到嘴边，也该咽回肚子里去。

◎ 科研与管理，哪个更重要

一些年轻科学家总是显得比实际年龄更幼稚、更缺乏经验，他们不放过一切机会嘲笑、贬低行政管理工作。如果他们意识到，科研管理人员与他们一样是在解决问题、是在为学术的进步而工作，可能有助于他们成熟起来。年轻科学家应该想到，从某些方面来说，管理人员的工作是更困难的。已经充分确立的自然法则告诫年轻科学家不要试图推翻热力学第二定律，却没有相应的管理学普适定律确保管理人员不去干那些明明干不成的事情，比如：从石头缝里榨出钱来——他们每天干的就是到处去弄经费，他们也没本事在一夜之间把荒地变成装备精良的实验室。

年轻科学家指望那些业务出身的管理人员必然能同情地倾听

自己的呼声，因而提出下面的这种理由争取资助：如果目前进行的这项工作能延长几年，它对我们有关癌症病因和细胞分裂机制的知识将起极大的促进作用。如果这样，他们就犯了错误。管理人员既然身为科学家，也曾到处求爹告娘，因而他们对弄钱的各种花招都了若指掌，尤其明白上述申请理由的奥妙何在。

高级科学家常常转向管理，因为他们认为这是自己对学术进展做出贡献的最佳方法——这也是，也应该是，年轻科学家的雄心所在。做出这种决定，就得准备做出个人牺牲。它常常意味着要放弃研究，因为责任重大的管理工作耗时过多，使人无法从事一心不能二用的研究活动。想把人类的任何事业（包括管理本身）干得既快又好，都需要专心致志。

年轻科学家抱怨他们对问题没有足够的发言权，可当别人邀请他们到委员会中服务、给他们以他们自认应该具有的发言权时，他们却抱怨得更凶。这实在太不应该了。年轻科学家发现，为委员会服务挤占了他们本来想做实验的时间，这时他们就不再抱怨受管理人员随意摆布了。由于科学的重要性与日俱增，科研管理工作已经与医院管理取得了同样重要的地位和同样明确的界限。内科和外科医生不会想到丢掉手术刀去做社会服务员或技师的工作——他把这些工作留给了管理人员。年轻科学家应照此办理，既然他把管理工作看得如此低贱，如果不参与管理，他应该觉得很幸运。

为委员会服务或是参加其他业余团体永远也不应成为不做研

究工作的遁词，因为研究是科学家的首要工作。我不知道曾有哪位优秀科学家借此逃避科研，只有低能者才这样做。人们常常过高地估计科学家的行政负担，这是因为实验工作的吸引力实在太大。我认识一位年轻有为的同事，他离开了名牌大学，在一个药物实验室里谋得一个商业职位。我问他怎么愿意这样换工作，他回答说这是心甘情愿的，因为大学的行政事务"把他弄得有点盛名之下，其实难副"。我记不得他曾经担负着什么行政职务，就问他干了个什么差事。"噢，"他带着几分逃离苦海的口吻说，"你要知道，他们把我捉进了酒类委员会。"这项任命也真叫绝。

我在评论管理时采取了和解、宽容的语气，可以说证明了我这个已经改邪归正的酒鬼与昔日的酒友共同约定不再贪杯。在另一方面，科研管理人员也不能忘记哈多定律[①]：管理者的职责是弄钱，科学家的工作是花钱。

人们认为科学家与管理人员的关系确实常常处在深深隐藏的、一触即发的紧张状态中〔这有斯台拉·吉本斯（Stella Gibbons）《寒冷宜人的农场》（*Cold Comfort Farm*）一书中的虚构人物劳伦斯（Lawrence）为证〕；但随着年龄和经验的增长，人们得到的教益之一就是意识到了如果创造一种和睦的气氛，于大家都有利。

---

① 亚历山大·哈多爵士（Sir Alexander Haddow）曾多年担任英国最大的癌症研究所的所长。本名切斯特·比蒂（Chester Beatty）。

◎ 是否需要花专门的时间思考问题？

我还记得，我的前辈在赶去出席他们根本无须加入的某某委员会召集的会议时，带着痛苦的口吻说："现在我简直没时间思考问题了。"我觉得这种说法难以理解，因为对我来说似乎不能像安排玩橡皮球、吃饭或喝饮料那样，专门划出思考的时间。

其实，他们的意思是说，再不能阅读与自己的工作虽无直接关系但比较接近的文献了，再不能反省自己的工作，再不能从容不迫地对别人和自己的实验结果沉思默想了。本来他们想通过这些思索找出导致错误的未知原因，琢磨研究工作该朝着什么方向作新的努力。全神贯注地致力于解决某个问题的科学家可能会发现，他们不用专门花时间思考这个问题。这种思考是自然而然地进行的，此时他的思想就像是处在罗盘的零点刻度——如果不走别的心思，人的思想都有自动回到零度的倾向。确实，假如科学家不担负行政职务、全身心致力于研究，问题就不是要找出时间思考这个问题，而是要找出时间不思考这个问题，转而干点别的事情了——虔诚的父母、亲爱的对象、善良的房东和老百姓所关心的事情多着呐。

第十讲

如何做学术演讲和撰写科研论文?

向学术团体宣读论文是发表成果的方式之一。但要等到论文以书面形式发表后,人们才会认为它确定无疑。年轻科学家在生活历程中,怎么也躲不过向学术团体宣读论文这一关。

讲多少课、开多少次讨论会、进行多少其他形式的口头交流都代替不了为学术刊物撰稿。

科学家不写论文的真正理由是其中大部分人都知道写作是自己最不擅长的工作,是一种自己尚未掌握的技能。

◎ 如何做学术演讲？

科学研究要等到成果公之于世后才能算最后完成。科学家的成果常常以为学术杂志撰写"论文"的形式发表——这一点与人文学者不同，他们常以书籍的形式发表自己的研究成果。由于科学家极少写书，牛津大学、剑桥大学两校各学院中那些守旧的人文主义者有时不免对科学家的创造能力提出疑问。他们怀疑科学家在实验室中消磨的大量时光是否被用来满足个人爱好或是做某种形式的游戏了。

向学术团体宣读论文是发表成果的方式之一。但要等到论文以书面形式发表后，人们才会认为它确定无疑。年轻科学家在生活历程中，怎么也躲不过向学术团体宣读论文这一关。虽然不久前他已经试图在某些场合（如系里开讨论会时）向同事们宣读论文，但这时的气氛友善而轻松，而向学术团体宣读论文则需较多的技巧。

在任何情况下，宣读论文都不应照着稿子念。如果听众被迫耐着性子听你用没有抑扬顿挫的声音匆匆忙忙地宣读论文，那么他的沮丧和愤怒无论怎么估计都不过分。年轻的科学家，参照笔记演讲吧，发言时不用讲稿是一种卖弄，只会使人认为（或许不无道理）你讲的事情已是老生常谈。笔记应当简明，不应写成大段大段堂而皇之的文字。如果演讲者不能根据几条提纲发言的话，他就得反复练习——不必提高调门——直到有适当的刺激触发他找到确切的字眼为止。我早就发现下面的方法很有帮助：当试图解释某个难懂的概念时，最好在笔记上这个概念之后标明"加以解释"（EXPLAIN THIS）字样，这个记号当然会促使演讲者去寻找合适的词句。

口若悬河可能会使演讲者自认为十分聪明，但听众却更可能把他看作巧言善辩的人物。波洛涅斯所提倡的大概是那种有分寸的、可能稍带严肃气氛的演讲。还要力争不要招人讨厌。那些花时间给孩子讲课的科学家用不了多久就能弄清自己是否掌握着听众。孩子们不能安静不动，如果他们听课听烦了，就会造你的反。演讲者有时觉得自己在给一大群老鼠讲课，不过如果孩子们听得津津有味，他们就会坐得老老实实。

听众讨厌演讲者的原因，不只是他讲话啰唆、令人不堪忍受，或他干的工作索然无味，更重要的是演讲者沉溺于不必要的技术细节。有时，把细节略去不谈倒是明智之举，比如制作中性培养基时各组成成分的溶解顺序就属应省略之列。如果该顺序事关重大，听众很想弄个究竟,演讲结束后他自会马上向你询问或上门求教。

只要可能,就应首先考虑使用黑板,而不要放幻灯。我曾主持过一些十分成功的讨论会,会上禁止使用幻灯,也不允许发表正式演说。当然,这种限制并不适用于某条或某簇曲线的精确形式具有决定性的重要意义的情况,也不适用于表达放射活性计数的精确数值。这种精确常常没有必要,但如果变量之间的关系呈现线性(一种简单的比例形式),就有必要力求精确了。如果听众不接受科学家对某个问题的口头描述,纵然放幻灯也是枉然。如果演讲者的论点受到了挑战,他只需泰然地要求幻灯放映员:"您是否愿意演示一下第 7 号幻灯片"——这就能不容置疑地表明变量之间的关系的确是线性的。

长短是个问题。演讲者应该牢记一个具有牛顿精神的原则,即:肚子里有货的人说话一般是言简意赅,只有那些半瓶子醋的演讲者才喋喋不休、弄得人云山雾罩。我认为,这项原则是由罗伯特·古德博士(Dr. Robert Good)和我本人在同一场合分别独立地首次提出的。

顺便说一句,你若想让别人恨你一辈子,最简单的方法莫过于在科学讨论会上占用下一个演讲者的时间。不过,只要会议主席没打瞌睡,这种情况就永远不会发生。

即便经验丰富的演讲者在发表演说之前也会感到紧张,他们这样没有什么过错,因为这表明他们有把事情办好的愿望。如果演讲者走上讲台，从衣袋里翻出个揉皱了的信封，开口就说（有一次我曾听到哈尔丹这样讲过）："我坐在火车上，还在想该给你们讲些什么……"他绝对不会给听众留下深刻印象。不管演讲者怎么说。只在有确切证据说明他曾认真备课时，听众才可能产生良好的反应。那些印着演讲者的指纹和已经破碎了的幻灯片必须舍弃。

最难做到的一条自制规则是应该学会在发生意外时不要惊慌——有时人们难免惊慌失措。演讲忘了地方、弄乱了幻灯片甚至从讲台上踩空跌落都可以原谅，但不给听众以应有的尊重却不能容忍。

有一次我害了一场大病，疾病损害了我的视力，一只手也不听使唤了。病后不久，我不幸在一次盛大的公开演讲时弄乱了讲稿。我妻子走上台帮忙，听众是善良的，他们对我很体谅。通过扩音系统，他们听见我对妻子说："我很明白你的意思，第5页应放在第4页之后。"这时他们感到轻松愉快了。

英国电气工程师协会出版了一本出色的《演讲者手册》（*Speaker's Hand Book*），书中建议演讲者站立时双脚分开，足间距保持400毫米，因为这样可以防止发抖。这项建议十分有趣，并不在于电气工程师特别容易发抖，而是因为它所规定的数值太精确了——好像已经有实验说明两脚分开350毫米或450毫米就会招致一阵剧烈的哆嗦似的。

科学家要求别人演讲时怎样做，就应该要求自己在演讲时也这样做。演讲者常常把打呵欠、特别是打大呵欠看成是听众的精神已经彻底崩溃的信号，这是自然的。有可能分散演讲者注意力的其他举动（当然可能是故意的）同样如此，如：窃窃私语、张扬地看表、不该笑的时候发笑、缓慢而阴沉地摇头等。有些听众在演讲者所谈的课题上被视为专家，我建议他们最好预先思考一些问题，一旦会议主席转向他问："××博士，我们有几分钟时间进行讨论，你为什么不开个头呢？"马上就能把问题提出来。被要求提问的人当然不能问心无愧地回答："恐怕不行——我都快睡着了。"但如果他只是问："你对下一步的研究有些什么设想？"听众当然会认为他在昏昏欲睡。打瞌睡常常是因为教室通风不良引起了低氧血症，而不一定是因为课程的内容枯燥无味。

如果听众真的睡着了，演讲者就会自我安慰：什么时候睡觉也比不了在课上睡得香，因为梦神是这样固执地要求我们享受一下这种快乐。从生理学的角度看，有一个问题令人百思不解：每次打一会儿瞌睡怎么就能这么快地补上夜间失眠或做大手术造成的损失呢？

◎ **如何写出一篇漂亮的科研论文？**

讲多少课、开多少次讨论会、进行多少其他形式的口头交流都代替不了为学术刊物撰稿。但是，众所周知，写论文的指望使得科学家满心沮丧，因此他们进行了一系列取而代之的活动：做毫无使用价值、不能增进知识的实验；制造无用或不必要的仪器；更有甚者，想方设法挤进委员会去（"如果我不是偶而地参加治保会，别人都会认为我是盗贼"）。科学家之所以不愿意撰写论文，传统的理由是说这会挤占搞研究的时间。但如果实验室想要保持自己的偿付能力，写点东西，即便是写乞讨信也罢，其实是很必要的。科学家不写论文的真正理由是其中大部分人都知道写作是自己最不擅长的工作，是一种自己尚未掌握的技能。

人们常常认为年轻教师能够讲好课，因为他们经常听课。与此相似，人们也假定科学家具有写论文的直觉能力，因为他们已经研究了这么多的问题。

然而我要坦率地指出，大多数科学工作者还不懂得如何去写论文，观其文笔判若两人。他们写出的东西读来好像他们和写作有仇似的，并且希望别人也与写作绝了缘分。学习写作唯一重要的方法是阅读、研究优秀的范文、多练习。我说练习的意思，并不是要求科学家像年轻的钢琴家那样反复练习一曲《欢乐的农夫》，而是说只要有写作的需要就不放过练习的机会，不要因为不能写作而去向人道歉。如果必要，应反复写作，写不清楚誓不罢休。文体即使不能优美，至少也不应粗俗生硬。出色的作家从不使读者感到有如在泥泞中跋涉或赤脚在布满碎玻璃渣的小道上择路而行。而且，写作应尽可能地自然，不要像节日礼服那般迂腐，与平常说话的距离不应过大，倒不如按照你向系主任或其他过问你进步的显贵人物打报告时的措辞更好些。

制定多少写作规则也不能保证写出好的文章，但有一些做法还是应该避免的。其中之一是写出德文式的美国英语——把名词当形容词用作定语，有时这些名词连成一串，像是个巨大的类似于名词的怪物，随时都有可能破裂。有一位颇有造诣的语言学家惯于说谎，一次他对我说，德文里有一个单词，相当于"在星期天订购动物园减价门票的那个人的遗孀"的意思。当然这只是句玩笑话，但说明了这样的道理：虽然我没有读到过"菜油不饱和脂肪酸豚鼠皮肤迟发性变态反应特性"这个词，但确实看到过一些同样绕嘴的名词短语。写出这种文字来的原因之一，是大多数编辑都限制论文的字数，那些遣词用字以一当十的科学家大概以为这样就能满足编辑的要求。

还有一条不太重要的原则（特别适用于医学科学家），即在任何情况下都不能说"注射了小鼠、大鼠或其他实验动物"。因为即便最小的老鼠也通不过皮下注射的针头。应当说小鼠接受了注射，或某种物质被注入小鼠。过于挑剔了吗？如果孤立地看问题，可能确实如此，但所有这种错误加在一起，就能把一篇本来可以通顺易读的论文破坏殆尽。

还有件事情也应谨记：论述某个主题的优秀作品总是比论述同一主题的蹩脚作品来得简短、易记。培根勋爵是这样评论一位野心勃勃的竞争对手的："他确实像一只猿猴；但他爬得愈高，屁股露得就愈多。"能像培根这样用寥寥数语阐明这么多道理的，恐怕只有温斯顿·丘吉尔（Winston Churchill）了。

如果年轻科学家准备研习范文，应该选择哪些文章呢？任何一位技巧娴熟的作家的作品都可以，尤其是那些受到读者青睐、老少咸宜的作品。小说及其他非说明性作品都很不错：萧伯纳（Bernard Shaw）的句子写得十分出色，康格里夫（William Congreve）某些作品的技巧不落俗套。但我要特别推荐那些阐述困难的课题又决意使自己的观点明白易懂的作者的作品。尽管并非所有的哲学家都能满足这个条件，但我还是相信他们的作品应属主要的选读对象，那些曾任伦敦大学学院哲学教授的人的著作尤其值得一读，其中包括：艾耶尔（A. J. Ayer）、斯图尔特·罕布什尔（Stuart Hampshire）、伯纳德·威廉斯（Bernard Williams）和理查德·沃尔海姆（Richard Wollheim）等人。散文家常能写出出色的范文，培根的杂文是至高无上的，伯特兰·罗素（Bertrand Russell）的某些杂文〔如他的《怀疑论文集》（*Sceptical Essays*）〕写得极为出色。哈尔丹的许多作品同样如此，这些作品现在大多已经绝版。从未有哪部作品能像约翰逊博士的《诗人的生涯》（*Lives of the Poets*）那样，把庄重、机智和深刻的理解如此有机地结合在一起。

在英语国家中（法国人对这些问题的看法就不同），现在绝不允许在科学及哲学作品中使用华丽的辞藻。但在过去那些文体与实质、表达方式与真实信息根本不能吻合的年代，伦敦皇家自然知识促进学会会员约瑟夫·格兰维尔（Joseph Glanvill）博士就已经认为应该让自然哲学家对此有所提防。他在《百尺竿头更进一步》（*Plus Ultra*）一书中写道，科学家的作品应当"爽直而简明……，优雅而坚如磐石"。不应"被拉丁文的片言只语或不合时宜的引文弄得支离破碎，也不要用足智多谋的演讲或海阔天空的谈话……炫耀问题的错综复杂"。

上述大部分劝诫如今已经过时。亚伯拉罕·科利在他给伦敦皇家自然知识促进学会写的颂词中劝告人们避免"头脑中的花招和炫耀"也已成明日黄花。卷曲的长发已经销声匿迹，利利落落的短发成为当时的时髦发式，这种发型与充当科学革命主要预言者的激进派清教徒活动家十分相配。作为实例，让我们品味一下伯特兰·罗素所撰《怀疑论文集》的第一段，在这里他概述了自己的思想。很难想象还有别的什么作品能够如此清晰明确、直截了当、简单扼要地阐述思想了。还要注意其文体多么接近于演说，读者好像又听到了那干哑的伏尔泰式的声音：

我提请读者同意考虑一个或许十分荒谬、引起混乱的理论，即：如果没有任何根据可以假定某项主张是正确的，就不能相信这项主张。我当然得承认，一旦这个观点得到公认，我们的社会生活和政治体制就会因此而彻底改观。由于目前这两者都完好无损，因此对上述观点是不利的。我也意识到，这种观点可能会损害某些人的利益（这就更严重了）。因为有些人善于察言观色，有些人靠编书营利，还有些人身为主教。他们，连同另一些人，都靠着那些因一事无成而现在和将来都交不上好运气的人的不切实际的幻想谋生。尽管有上述这些令人担心的证据，我仍坚持认为这项理论有充分的根据，我将对此加以说明。

在写作论文之前，年轻科学家应首先确定论文的读者对象。最容易采用的办法就是只向本专业乃至本专业内与自己从事同一个领域的那些同事发表见解。但这根本不是写好论文的办法。科学家应该想到，他的那些聪颖的学界同辈可能把浏览文献当作一种智力上的消遣，他们乐于借此观察你在从事什么工作。年轻科学家早晚得根据自己的书面成果接受审查人和裁决人的评定。如果弄不清你的论文所言为何物或是为什么要进行这项研究，他们有权感到恼火。他们也确实经常因此而动怒。为此，正规论文应于文首写作一个解释性段落，概述一下作者进行的这项研究，并说明作者认为要想解决问题可以采取哪些主要方法。

论文的摘要应花大力气，并应充分利用期刊所规定的篇幅比例（比如说，正文篇幅的 1/5 或 1/6），写作摘要是对作者文字技巧的严肃检验，在当今尤其如此。现在大部分学校都从教学大纲中取消了"要点写作"课程，唯恐它会抑制学者的灵感创造。摘要的写作能检验作者的理解力和比例感——认为哪些事情重要，哪些事情可以省略的感觉。摘要应在其自身限度内完成。常常可能以对正在研究中的某个假说的叙述开始，而以对假说的评价而告结束。最可悲的要属写出下面这样的句子了："这些发现与布赖特氏病发病学之间的关系得到了讨论。"如果这个问题已经得到了讨论，就应对讨论进行总结。如果问题未经讨论，一个字也不要写。准备摘要有时是年轻科学家应自愿从事的一种公众服务活动。即便他的作品在发表前已通过经验丰富的编辑审查，写摘要仍是写作方面的极好训练。

在文献目录中所摘引的参考文献条目（必须经常仔细地考虑引文的格式）应是充分而且必要的：引用年代久远的刊物上所发表的文献（那些缺少藏书空间的图书馆早把这些资料存在没人用的书库里了），大概也属科人无行的一种（见第八讲）。有一条原则需要牢记心中：公正地评价自己的前人，给他们以应有的尊敬。不过有些作者如此伟大，有些思想又如此尽人皆知，与其引用倒不如省略更显出对他们的尊重。然而评价应该慎重，对一个人的恭维有可能使另一个人愤愤不平。

出于一系列原因，体现了出色工作的论文有可能被编辑拒刊，科学期刊的出版者愿意让大家知道，他们被啰唆的撰稿者弄得一筹莫展，而行文冗长、空洞无物确实是拒刊的最主要原因。另一拒刊原因，是论文文献目录中的引文与正文不符，反之亦然。在这种情况下，拒刊是理所当然的。无论原因怎样，遭到退稿总是一件有损尊严的事情。但在一般情况下，与其和审稿者争吵，倒不如另找一家刊物，有时审稿者出于私心、充满故意，故意造成退稿的困窘场面。然而，死乞白赖地向编辑告审稿者的状，却只能使编辑认为作者有偏执狂的倾向。

至于论文的内在结构，我只要说明一点，应该在文章开头写作一个解释的段落，说明所研究的问题对作者的思想产生了怎样的影响。正文的格式被认为是约定俗成的，这不断使人产生了一种错觉，认为科学研究也是按固定模式按部就班地进行的（见第十三讲）。按照这种传统的论文格式，有时在本书中描写了某些毫无必要的细节——作者在研究工作中应用的技术流程和试剂。有时还要单独列出一个题为"前人的工作"的章节，说明别人曾盲目地探索某一真理，而作者却准备对真理详加阐述。最糟糕的是，按传统格式写就的论文还包括一个称为"结果"的章节——口若悬河地列举凌乱不堪的事实，牵强附会地解释为什么要进行这种观察而不是别的观察，为什么要完成这个实验而不是其他实验。紧接着，后面是一段"讨论"，在这里，作者搞点文字游戏，对他通过完全客观的观察搜集到的全部信息进行汇总和分类，旨在寻找其中的含义——如果有什么含义的话。这是一种归纳法的反证论法，它忠实地体现了这样的信念：科学探索是通过苦思冥想或逻辑操作对事实进行的一种编纂，不可避免地会扩大人类的理解范围。某些享有盛誉的报纸发表社论的方法值得称道，他们把新闻与就新闻发表的社评分别刊载。因而人们可能认为，写论文时把"结果"从"讨论"中独立出来的做法与报纸的方法是等价的。其实这两者毫无共同之处。在科学论文中被称为"讨论"的推理过程，在实际生活中是与获得信息及受到鼓励搜集信息的过程交织在一起的。把"结果"从"讨论"中分离出来，实际上是武断地割裂了一个完整的思考过程。这种看法并不适用于报纸分别刊登某一事件或立法案的新闻和就此发表的社论，因为这两者都可以独立地发生变化。

那些完成了写作任务的科学家可能会因此而骄傲，可能觉得自己的文章"能使别人夜不能寐"。如果作者没有这种想法，或许说明他思想贫乏，但也许证明了他很有自知之明。

我担任伦敦国家医学研究院院长期间，曾有一位年轻同事写成了一封简短的研究通信，想投给《自然》周刊——这是发表重要科学新闻的传统刊物。他自认为这项研究成果意义无比重大，全世界都在翘首以待，经由邮局寄去实在不保险，只能托人捎给编辑部。但很不幸，报告丢失了，结果只好从头来。这一回是通过邮局寄走的。我们都猜想，上次的那份报告大概是被人从门下的缝隙中塞进屋内，压在门口的脚垫下了。教训是：应该利用大家公认的交流渠道。

第十一讲

科学实验与科学发现有哪些重要类型？

实验的"结果"绝不是可观察到事件的总和。构成这种结果的，几乎总是至少两组可观察到事件之间的差别。

因而，实验的"结果"就是实验组与对照组读数或结果之间的差别。未设对照组的实验不是伽利略型实验，但仍可算作培根型实验，即：稍加限制地展示自然。不过这种实验的意义并不大。

要想有所发现，头脑需有充分的准备。换句话说，所有这种发现都是以潜在假说的形式开始的。潜在假说是对自然形象化的猜测和构想，绝不仅仅是对感觉证据的同化。

年轻科学家千万不要因为自己的姓名没有被用来给某一自然法则、现象或疾病命名而感到沮丧。

如果他通过某种方法——无论是理论方法还是实验方法——使得世界更容易被人理解，他就将赢得同事的感激和敬重。

第十一讲 科学实验与科学发现有哪些重要类型？

自培根时代以来，实验方法一直被认为是科学最为深刻、必不可少的组成部分，以致人们常常认为非实验性的探索活动根本不属于科学。

实验共有四种①。按照培根的观念，实验对自然而言是人工的经验或事件，它是"试试看"的结果，或者甚至是浪费时间的产物。

为什么培根认为这种实验具有这么重大的意义，在后面要加以解释；培根型实验所回答的是"如果……，将会怎样？"这一类问题，希莱尔·贝洛克（Hilaire Belloc）在写作下面这段文字时想必正在思考：

---

① 在本讲中，我将沿用拙著《科学思想中的归纳与直觉》(*Induction and Intuition in Scientific Thought*, Philadelphia: American Philosophical Society, 1969) 中所提出的分类方法，并作进一步的解释。

> 任何具有平均水平智力和体力的人都可以进行科学研究……任何人都能通过持久的实验来研究，如果在某种条件下某物质以某种比例与其他物质混合，究竟会导致什么样的结果。任何人都能以多种方式变换这种实验。以这种方式偶然发现的某些新奇实用的东西将会给他带来声誉……这种声誉要归功于幸运和勤奋。它并不是特殊天才的产物。①

◎ 培根型实验

在科学的最初年代②，人们相信真理就在我们身边，等着我们去收获，就像是成熟的庄稼，只等人们去收割采集。只要我们睁大双眼，用清白的良知去观察自然，就能得到真理。人类在堕落（即偏见和罪恶使我们的感觉变得迟钝）之前的田园时代是具有这种良知的。因而，只要我们揭开偏见和先入为主的面纱，观察事物的本来面目，就可以获得真理。天呐，我们可能得花费毕生精力观察自然，却不能证明自然事件之间的联系，这些联系如果碰巧为我们所掌握，大部分真理就可以被揭示出来。培根指出，理解真理，需要各种事实材料，而要得到这些材料不能只靠好运气，只靠"守株待兔"，我们必须创造偶然事件，设法获得经验。用约翰·笛

---

① 转引自一本与科学有关的令人叹服的语录集，阿兰·L. 麦凯编：《冷眼观察的收获》（*The Harvest of a Quiet Eye*，Bristol: Institute of Physics，1977）。
② 波普尔：《论知与无知的起源》（*On the Sources of Knowledge and of Ignorance*），载于《猜测与反驳》（*Conjectures and Refutations*，New York: Basic Books，1972）。

（John Dee）的话说，自然哲学家必须成为不断扩展实验经验的"带头人"。琥珀经过摩擦而"带电"，磁性由天然磁石传导到铁钉，这些都是培根所提倡的实验的极好实例。还有，我们已知对发酵好的酒类进行一次蒸馏将会导致什么结果，但如果对蒸馏物进行再蒸馏，结果又将怎样？只有通过这种形式的实验，我们才能构筑起事实资料的宏大体系。根据归纳主义的错误法则（见第十三讲"解密科学发现的过程"），我们对自然世界的理解就会因此而增长。

绅士们看不起科学家，可能是因为科学家所顽强进行的实验常常需要肮脏的技术操作，甚至发出令人掩鼻的气味。

◎ 亚里士多德型实验

在解释这种实验时，我遵循了格兰维尔提供的线索。亚里士多德型实验也是人为设计的，其目的在于表达先入为主的真理或是演示某些预测好的教学计划：把电极夹到蛙的坐骨神经上，你看，蛙腿收缩了；经常在给狗吃饭之前响铃，不久，光响铃不给饭也能使狗垂涎欲滴。格兰维尔与同时代的许多伦敦皇家自然知识促进学会会员一样，对亚里士多德持极大的轻蔑态度，他认为亚里士多德的教条对学术发展起着主要的阻碍作用。在《百尺竿头更进一步》一书中，他这样描述这种实验："亚里士多德……不是用实验来建立自己的理论，而是随意地拣起一个理论，他的做法是迫使实验服从理论，从而为他那些证据不足的主张赢得支持。"

◎ 伽利略型实验

今天，大多数科学家所使用的"实验"一词，既不是指培根型实验，也不是指亚里士多德型实验，而是指伽利略型实验。

伽利略型实验是判决性实验，这种实验在诸种可能性之中进行辨别。在辨别的过程中，或为我们所采取的观点提供证据，或促使我们认识到原先的观点需要修改。

由于伽利略出生在比萨，不可避免地使人普遍认为，他有关重力加速度的最出色的判决性实验，肯定是在比萨斜塔上通过掷下不同重量的铁球才得以完成的。其实，进行这个实验可没有冒这么大的危险。

伽利略把这种实验看成严峻的考验（*il cimento*），我们应该让自己的假说及假说的内涵经受这种考验。

下面我们要谈到证明的不对称性，由于这种不对称性，人们设计实验时并不以证明所有事实的正确性为目的，因为这种证明是毫无希望的。实验的目的其实是要反驳"无效假说"。正如波普尔早已指出的，我们可以把大部分普遍定律的目的解释成要禁止某些事件的发生或否认某些现象的存在。"生源说"说的是，一切生物都是有生命物的子嗣，因而它可以被理解为对自然发生现象的禁止，由于路易·巴斯德（Louis Pasteur）有关细菌腐败的出色实验，自然发生说现在已经备受怀疑。与此相似，热力学第二定律禁止了许多事件的发生。即便现在可以随心所欲，但这些被禁的事件却从未发生。热力学第二定律所规定的各种禁条变化多端，但其根本原理是说，从高概率状态自然地过渡到低概率状态是绝对不可能的。不幸的是，这个定律把许多似乎合情合理、有利可图的事业也禁止了，如：自动机和永动机的制造，使用20加仑微温的洗澡水煮沸一壶咖啡，如此等等。

这种把许多假说反过来加以理解的可能性可以说明为什么有这么多的实验试图批驳无效假说——即用研究来否定某个假说的有效性。这个原则同样适用于某些统计检验，费歇尔（R. A. Fisher）曾经举过一个再好不过的例子：如果一位老茶客自吹能够辨出茶中的牛奶是先加的还是后加的，就需对此进行判决。这个问题上的无效假说是，他猜对或者猜错完全要碰运气。

这些不同的理解在逻辑上可以得到详细解释，大多数科学家都可以迅速而自然地运用这些理解，以致在别人看来他们本能地会这样做。很少有人说某些实验可以"证明"正在研究中的假说，科学家长久以来就知道人是容易犯错误的，因而他们不会说自己的实验发现或分析与正在接受实验验证的某个假说"相一致（或不一致）"。

在进行实验之前，对实验的结果可能以哪种形式出现应有清楚的估计。因为，除非假说对宇宙中可能发生的事件或事件之间可能存在的联系的数目进行限定，否则实验不可能为我们提供任何信息。如果某项假说是普适的，也就是说，怎么样都行，绝不能说明我们聪明绝顶。完全普适的假说是毫无意义的。

实验的"结果"绝不是可观察到事件的总和。构成这种结果的，几乎总是至少两组可观察到事件之间的差别。在简单的单因素实验中，这两组可观察事件分别称为"实验组"和"对照组"。对于前者，允许引入正在进行研究的因素，并使这种因素发挥作用；而对后者则不然。因而，实验的"结果"就是实验组与对照组读数或结果之间的差别。未设对照组的实验不是伽利略型实验，但仍可算作培根型实验，即：稍加限制地展示自然。不过这种实验的意义并不大。要想完成判决性实验，应该特别注意明晰的实验设计和一丝不苟的技术操作。

科学家的共同弱点是偏爱某个假说，不愿对其做出否定的回答，我本人也不例外。对自己宠爱的假说恋恋不舍可能会浪费好几年宝贵的时间。对这种假说，常常得不出最后的肯定回答，但是否定的回答倒是经常出现。

◎ 康德型实验

实验的种类并不仅限于培根型、亚里士多德和伽利略型。还有一种以哲学史上最富于突破性的概念革命者命名的思想实验，称为康德型实验。康德认为：不能默许那种认为我们的感觉、直觉决定于"客观"、决定于感觉到的事物的一般观点。相反地，我们应当把经验看作是由自己的感觉、直觉本领的特征所决定的。"这个实验恰如所预料的那样取得了成功",康德自鸣得意地做出了评论,这导致他形成了先验知识(指独立于一切经验的知识)可能存在的著名观点,他由此推理指出,空间和时间是感觉、直觉的表现形式,因而它们只是"事物作为表象的存在条件"。在将这种观点斥为彻头彻尾的形而上学臆测而不予理睬之前,科学家应当注意到感觉生理学有日益倾向于康德型实验的总体趋势。[①]另外一个著名的康德型实验是,以替代公理取代欧几里得的平行线公理(或其他一些等价公理),从而形成了经典的非欧几何学(双曲线及椭圆几何学)。人口统计学和经济预测是康德型实验的其他实例:"如果采取一种稍有不同的观点,让我们看看将会导致什么结果吧……"

除了有时需用计算机外,康德型实验无须任何设备。自然科学所特有的是培根型实验和伽利略型实验,可以说,各门自然科学都建筑在这两种实验形式基础上。在历史科学、行为科学和以观察为主的科学中,思想的形成通常意味着探索性活动的结束。检验这些思想的方法有:社会调查、碳年代测定、事实考证、文献查阅,或是把望远镜指向天空的特定区域。所有这些活动都是本着伽利略的精神,即对思想进行判决性评价。

伽利略型实验的作用在于使我们免遭哲学上的侮辱,也就是

[①] P. B. 梅多沃与 J. S. 梅多沃合著:《生命科学》(*The Lift Science*, New York: Harper & Row, 1977),第 147 页。

免除不必要地坚持错误（不懈地校正错误的过程将在第十三讲中详加论述）。任何有经验的科学家都明白优秀的实验到底应该怎样：不仅技艺应该精湛，操作应当认真，还应机智敏捷，对假说进行充分的检验。因此，实验的意义主要取决于实验设计及其所具有的批判精神。

复杂而昂贵的仪器有时也是需要的，人们不应接受这种罗曼蒂克的概念——任何称职的科学家都可以只用绳子、火漆以及几只空罐头盒来进行实验，而不需要任何设备。目前还没有只用空罐头盒和绳索就能测出沉降系数的好方法，除非有谁能使罐头盒每秒绕头转 1000 转以上[①]。另一方面，科举家如果觉得需要某种仪器设备，就必须对其价格和复杂性仔细斟酌。在占用代价昂贵的实验场所、要求同事夜以继日地工作之前，科学家应首先确保这个实验值得一做。有句话说得好，"如果实验没有价值，当然也就不值得好好做"。

◎ 综合型发现与分析型发现

前面已经说明，实验的种类有很多，发现亦不例外。有些发现看来仿佛只是识别和了解自然的存在方式，只是通过密切注意事物的发展过程而获得教训，只是将一直存在、只等人们注意的事实"揭露"出来。我本人认为，如果就此把一切发现都看作可以用

---

① 目前超速离心机的转子每分钟旋转 60000 转以上。

这种方式完成，可就大错而特错了。我想，巴斯德（Pasteur）和丰特耐尔*（参见第十三讲）会同意下面的观点：要想有所发现，头脑需有充分的准备。换句话说，所有这种发现都是以潜在假说的形式开始的。潜在假说是对自然形象化的猜测和构想，绝不仅仅是对感觉证据的同化。寻找信息的活动当然会促使假说形成。达尔文的信件表明，他坚信自己是"真正的培根主义者"，这只是在自欺欺人。

有些看来如此直截了当的发现，如发现一块化石，也常常出自于潜在假说的形成过程。否则有谁会对化石遗迹目不转睛呢？有谁会把化石带回家去详加研究呢？但问题是我们该如何顺应"活化石"空棘鱼（矛尾鱼 *Latimeria*）这类重大发现的模式？这项发现之所以震惊了世界，是因为大部分化石——如肺鱼化石——都是在其存活后裔被识别和描述之后才得以发现的，而矛尾鱼这样在发现化石之后才找到其存活近亲的情况则极不寻常。因此，这项发现使人对数百万年前的世界产生了特殊的，从某些方面来讲甚至是令人吃惊的看法。

发现有两类——综合型发现和分析型发现。尽管我相信这两种发现背后有着共同的心理活动，但又认为在两者之间划出明显界限还是有益的。综合型发现常常指对以前从未发现或鲜为人知的某

---

* 丰特奈尔（Fontenelle，1657—1757），法国自然哲学家、作家。——译注

一事件、现象、过程或事物状态的首次识别。科学中绝大多数引人瞩目、影响深远的发现都以这种形式出现。综合型发现的特点是无须在某时某地完成——可以想象，这种发现可能从来不曾完成。或许这就是我们这么敬重它的缘故。

我愿意列举弗莱德·格里菲斯（Fred Griffith）发现肺炎球菌转型现象[①]的例子来说明这个问题，现代分子遗传学正是从这项实验中脱胎而成的。在格里菲斯这项著名的实验中，死肺炎球菌似乎将其一部分性状传递给了存活菌。后来证明，这个结论并非完美无缺、无懈可击。因为某些细菌提取物也具有相同的效能。某种特异性的化学物质可能是导致这种转化的原因。当艾弗里（Avery）、麦克洛德（McLeod）和麦克卡蒂（McCarty）证明这种化学物质就是脱氧核糖核酸（DNA）时，现代科学就跨入了一个崭新的阶段：我说这个发现具有"分析型"的特征绝无贬抑之意，因为这项发现是直觉和实验技巧的胜利。

追溯导致DNA结构发现的思想发展过程，同样可以说明分析型发现的特征。自从阿斯特伯里（W. T. Astbury）发表第一批X射线DNA晶体结构照片（尽管这些照片很不完美）以来，人们就认识到DNA具有晶体的结构，可能是一种重复的多聚体结构。这

[①] 肺炎球菌转型是一种种间变型现象，当把生有某种多糖荚膜的活肺炎球菌与生有另种多糖荚膜的死肺炎球菌混合在一起时就会发生。有时看来这种现象就如同是活机体获得了死机体的某些特征。参见梅多沃夫妇合著的《生命科学》，第88页。

一结构的发现是在猜测与反驳之间不断进行对话的结果，对此，我们将在第十三讲中详加描述。

当然，综合与分析之间的差别并非不可逾越，因为在DNA结构的发现中既有分析的成分也有综合的成分。后一种成分是指DNA的结构恰好能使它携带和传递遗传信息。这后一项发现可能更为重要，因为人们普遍认为科学家最愿意进行综合性的发现，原因是这种发现开创了迄今为止尚不为人所知的一个崭新领域。

但是，把实验看得过重也是错误的。现代生物学中最重大的进展，早已不能只靠对单一生物现象或单一生物"系统"的特点按部就班、毫不松懈地进行研究来完成。肺炎球菌转型、大肠杆菌蛋白质合成过程等课题的研究都说明了这个问题，通过这两项研究，我们弄清了核酸的结构是通过哪些步骤决定着蛋白质的结构的。因而我想，如今人们对按照"组织相容性"抗原来研究细胞表面的详细情况很感兴趣，这也说明了上述问题。在这里，单一的发现较之深刻的分析大为逊色，深刻的分析最终可使我们弄清特异性的分子基础，并有助于解释为什么细胞总是向着特定的方向发育，为什么有些细胞聚合到一起而另一些则不然。从分子生物学角度进行的这类深刻分析有朝一日会使人们制定出合成某种酶或某种连续激活的酶系统的分子规范。比如说合成出了能够降解聚乙烯的酶，就有可能减少大量废塑料片所占据的地表面积。

由此说来，年轻科学家千万不要因为自己的姓名没有被用来给某一自然法则、现象或疾病命名而感到沮丧。尽管发现的意义可能被人过分地夸大了，但科学家应该知道，光靠编纂信息是不能为自己谋得出众的声誉和显赫的地位的，那种没有人真正需要的信息尤其如此。但是，如果他通过某种方法——无论是理论方法还是实验方法——使得世界更容易被人理解，他就将赢得同事的感激和敬重。

第十二讲

奖金和奖励——如何面对科学界的荣誉？

获得奖励会促使杰出科学家的道德发生一次升华——接受别人的这种信任和尊重将会促进他们的研究工作，有助于他们更上一层楼。同样，获奖者也愿意向人们表明，他的获奖并非完全出自偶然。

但不幸的是，有时它却会起完全相反的作用。

人的思想有时会因这些荣誉而发生转变，确有一些诺贝尔奖金获得者获奖后放弃了科学研究，把时间花费在周游世界出席会议上。有时，人们会邀请获奖者在某些宣言上签字，这会不断激起获奖者的虚荣心。

幸运的是，不能像准备考试那样准备获得某项科学荣誉，年轻的科学家只能指望通过自己的工作使自己有朝一日获得竞争这种荣誉的资格。

年轻科学家应该明白，鼓励人们树立雄心壮志常常正是创立和倡导进行奖励者的首要目的。

第十二讲 奖金和奖励——如何面对科学界的荣誉？

与运动员和作家一样，科学家也参与对一系列奖金和其他奖励的竞争。

我认识一位科学家，他曾不放过任何机会向我表示他对存在这种令人厌恶的荣誉的反感。他认为这些荣誉有高人一等的味道，某些人在某些方面较他人优越，就会导致社会的分裂。他的这些观点给我们留下了深刻的印象。但当得到被提名为伦敦皇家自然知识促进学会会员的机会时，他却并没有推辞。尽管伟大的数学家哈代（G. H. Hardy）曾用高傲的语气称伦敦皇家自然知识促进学会会员资格是"一种相对来说较为低微的荣誉"，但这种资格仍是一种代表着崇高荣誉的、为人们所热烈追求的对科学才能的褒奖。伦敦皇家自然知识促进学会的普通会员资格只限于授予英国公民，但荣誉会员称号的颁授范围则要大得多。

新当选的会员要在签有科学史上最伟大人物姓名的签名簿上

写下自己的名字，新会员会因为自己成为这些伟大人物的伙伴而欣喜若狂。这些伟人包括：艾萨克·牛顿、罗伯特·波义耳（Robert Boyle）、克里斯托弗·雷恩（Christopher Wren）、迈克尔·法拉第、汉弗里·戴维（Humphry Davy）、詹姆斯·克拉克·麦克斯韦（James Clerk Maxwell）、本杰明·富兰克林（Benjamin Franklin）和约西亚·威拉德·吉布斯（Josiah Willard Gibbs）。

伦敦皇家自然知识促进学会的历史要回溯到人类精神的那场伟大革命[1]开创现代世界的年代。诺贝尔奖金的情况则有很大不同，基于简单而充分的理由，最伟大的科学家大多久远地生活在阿尔弗雷德·诺贝尔（Alfred Nobel）掌握稳定多元醇硝酸酯（特别是三硝酸甘油酯）的方法并用此项研究的收益设立此项奖金之前。[2] 诺贝尔奖金在公众中赢得了多方面的崇高声誉：人们对设立这项奖金的动机表示满意，隆重的发奖典礼、颁赠的奖金数额以及奖金所体现的实际的荣誉成分都令人刮目。但是，各种遴选程序都难免出错，如果科学家不能赢得他理所应得的、他本人认为非他莫属的荣誉，就会引起极大不快。而且，有些科学家的生计和研究资

---

[1] 见查尔斯·韦伯斯特：《伟大的复兴：1626—1660 年间的科学、医学与改革》（*The Great Instauration: Science, Medicine and Reform 1626—1660*, London: Butterworth, 1976）。

[2] 因而，如果从地球上各个时代伟大科学家中选拔组成世界代表队（领队是牛顿）与火星人或外空间人的相应代表队会晤，那么地球代表队中可能只包括极少数几位诺贝尔奖获得者。

助都取决于他人（如高级行政人员）的评判，对他们来说，加入不了伦敦皇家自然知识促进学会就不仅仅是不快的问题了，而是会直接有损于他们的切身利益。这些评判官弄不明白，有许多科学家尽管已经具备了资格，却不能成为伦敦皇家自然知识促进学会及其他相应学术团体的会员。

我认为，上述这些，是反对各种科学荣誉唯一靠得住的理由。这种情况同样适用于诺贝尔奖金，但人们对未获诺贝尔奖的科学家却很难产生相似的同情感，因为那些虽不是获奖者、但有足够的造诣跻身于竞争者之列的人看来还不至于因为缺乏研究经费而困扰。

老话说，年轻人过早地成功"没有好处"，我们时常听人讲，过多地获奖和过高的学术地位可不是好兆头。高傲的笨蛋花光了奖金却来卖乖："我上学时怕是并不聪明。"这让我们十分怀疑他是不是因为具备其他一些值得称道的能力才得以畅行无阻地获得了奖励。

我在其他讲中曾提到选择性记忆对人的愚弄，我猜想，人们认为"小时了了，大未必佳"大概也是上了选择性记忆的当。在一群尘泥之身的孩子中，我们记得最清楚的是金童玉女，他们如果获得成功，会被视为理所当然，结果我们记住的只是他们的失败而已。

我强调了奖金和奖励的阴暗面，但它们也有很光明的一面，所有这种遴选或提名的基础都是对同事的良好评价，即对同事的重视，这正是科学家们求之不得的。获得奖励会促使杰出科学家的道德发生一次升华——接受别人的这种信任和尊重将会促进他们的研究工作，有助于他们更上一层楼。同样，获奖者也愿意向人们表明，他的获奖并非完全出自偶然。

这样看来，获奖带来的全都是好处，但不幸的是，有时它却会起完全相反的作用。还记得当年我在牛津大学读书时曾和一位研究生同学用惊讶的语气议论过一个大学老师。那人大言不惭："一旦我进入皇家学会，就彻底放弃科学研究。"看来真是恶有恶报，他压根儿就没能得到机会满足这个可耻的欲望。

当然，人的思想有时会因这些荣誉而发生转变，确有一些诺贝尔奖金获得者获奖后放弃了科学研究，把时间花费在周游世界出席会议上，还不时地就诸如科学、人类、价值观以及人类事业（或其他这种抽象名词的排列）等题目发表演讲。有时，人们会邀请获奖者在某些宣言上签字，从而使舆论乐于接受此种宣言。这会不断激起获奖者的虚荣心。这类宣言的内容常常如下："今后，世界各国应友好和睦地共处，并公开宣布放弃利用战争作为解决政治争端的手段。"

是不是有许多人本来反对宣言的观点，但是迟迟没有做出决断，却由于50位诺贝尔奖获得者在宣言上签名才相信了宣言的正确性呢？当然，这看来很滑稽，但获奖者被人为夸大了的声望也可能会转而被用作实用的目的。

幸运的是，不能像准备考试那样准备获得某项科学荣誉，年轻的科学家只能指望通过自己的工作使自己有朝一日获得竞争这种荣誉的资格。

树立这种雄心并不可耻，年轻科学家应该明白，鼓励人们树立雄心壮志常常正是创立和倡导进行奖励者的首要目的。

第十三讲

解密科学发现的过程

真实生活中的情况与此不同。真理并非摆在自然界中只待自行显露，我们也不能预先知道哪项观察与真理有关、哪项观察与此无关。每项发现、每次理解的扩大，其起点都是对真理的形象化构想。这种构想被称为"假说"，它起源于一种思维过程。

日复一日的科学工作并不在于寻找事实，而是要检验假说，即查明假说或假说的逻辑含义对真实生活的叙述是否真实。按照伽利略的观点，实验就是被用以检验假说的活动。

一旦有某项假说需要验证，科学家就忙碌起来。假说会引导他进行某些特定的观察，会提示他完成某种特定的实验。

我寻求理解。

——雅克·莫诺（Jacques Monod）

◎ 科学家是怎样做出发现的？

科学家是怎样做出发现、提出"定律"或用其他方法增进对人类的理解的？传统的答案是"通过观察和实验"。这当然没有错，但还需要进行有保留的解释。观察并不是感觉信息的被动接受过程，也不是对感觉材料的加工；实验也不是只有我在第十一讲中定义为培根型实验的那一种，即对自然界中不能自发产生的事件、现象或其间联系的一种人为的发明创造。观察是一个严肃的、有目的的过程，为什么进行这种观察而不是另一种观察自有其科学道理。科学家所观察到的常常只是可能观察到的全部对象的一小部分。实验同样是一个严肃的过程，它在诸种可能性之中进行辨别，并为进一步的探索指明方向。

年轻科学家终于在科学界争得了一席之地，穿上了白大褂，有了利用图书馆的权利，还把持着自己提出的或上司要求考虑的某个课题。起步伊始，当然是搞小课题——小课题的解决可以促进某些更重要的课题的解决，在这项工作的长远目标即将达到之前，可以一直这样搞下去。非科学家不能马上看出次要课题与重大课题之间的联系。人文学者在阅读理学院学术委员会会议记录时，常常认为年轻科学家喜欢从事狭窄得可笑的工作。科学家可能同样会奇怪，一个人怎么居然会对研究都铎王朝科恩沃尔教区的事务感兴趣，因为他并不知道这种研究与宗教改革有关，而宗教改革确实是一项很重大的事件。

但是，科学家应该怎样解决他的问题呢？他能肯定，光靠编纂事实不能达到目的。① 大量事实不能自行阐明任何新的真理。有些人认为搜集、整理经验事实可以导致对自然界的理解。培根、夸美纽斯以及孔多塞* 确实都曾在特定时期的作品中表露出上述观点。

---

① 为了避免重复地致谢，我在这里一次性声明，下面所有对科学过程的描述在很大程度上是根据伦敦皇家自然知识促进学会会员波普尔爵士的作品写就的。这些作品主要有《科学发现的逻辑》第 3 版（*The Logic of Scientific Discovery*，3d ed.，London: Hutchinson，1972）和《猜测和反驳》第 4 版（*Conjectures and Refutations*，4th ed.，London: Routledge & Kegan Paul，1972）。

* 孔多塞（M. J. A. N. de C. Condorcet，1743—1794），法国数学家、经济学家及哲学家，启蒙运动领袖之一。他于 1793 年被雅各宾党人逮捕入狱，不久被迫服毒自杀。——译注但他们采取这种观点时的出发点却相当狭隘，他们认为自己义不容辞地应对演绎方法进行批判。当时的一种思潮认为，演绎是一种可以导致发现新的真理的思维活动，单靠它就可以增进人类的理解。17世纪的科学和哲学著作，特别是培根、波义耳和格兰维尔等人的作品，对亚里士多德思维方式进行了大量的轻蔑性评注，但评注者自己却正是在亚里士多德思维方式的传统下成长起来的。

培根对观察和实验的劝诫当然不能说明其科学哲学的全部内容；除此以外，他还提出了寻求事物真理的一系列原则，这些原则与200年后约翰·斯图尔特·穆勒（John Stuart Mill）在《逻辑系统》（System of Logic）一书中所提出的发现原则在本质上很相似。这些归纳原则只适用于下述的特定情况，即人们掌握了与解决问题有关的全部事实、排除了无关的事实。我们有可能被要求进行一次认识论演习，解释参加聚餐会的一个人为什么患了重病。我们知道聚餐时所用的各种食物和饮料，还知道聚餐者吃饭时身体都很健康，饭后大家依然健康而只有病人例外。在此基础上，可以应用所谓的归纳原则：每个人都吃过的食物看来与这种只有一个人罹患的疾病无关，谁都没有吃过的食物也与此病无关。后来证明，只有病人曾吃过乳酒冻，只有单独地暴露于危险因素下才能解释这种单人突发的疾病。上述这些简单的初等逻辑及常识推演几乎称不起培根赋予的长长的荣誉称号。在穆勒和培根等人看来，搜集事实的基本原则是要使科学家占有事实，正是在这些事实基础上，上述发现的推演才能起作用。

真实生活中的情况与此不同。真理并非摆在自然界中只待自行显露，我们也不能预先知道哪项观察与真理有关、哪项观察与此无关。每项发现、每次理解的扩大，其起点都是对真理的形象化构想。这种构想被称为"假说"，它起源于一种思维过程。这个过程与其他任何创造性思维活动一样，好理解又不好理解。假说是灵机一动的思想，是受灵感启示做出的猜测，是洞察力爆发的结果。它来源于任何已知的发现推演过程，却又是这种推演所无法达到的。假说是一种有关世界或世界的某些特别有趣的方面的不成熟法则。广义来讲，假说可能是一种机械发明，是一种实在的、物化的假说，发明的完成就是对它的检验。

因而，日复一日的科学工作并不在于寻找事实，而是要检验假说，即查明假说或假说的逻辑含义对真实生活的叙述是否真实。如果假说是一项发明，则要看看它是否起作用。按照伽利略的观点，实验一词正是在这个意义上得到广泛应用的，实验就是被用以检验假说的活动。对这个问题我在第十一讲中已经有所说明。

结果，科学成了各种理论在逻辑上相互联系而结成的网络。它代表着我们当前对于自然界的看法。

一旦有某项假说需要验证，科学家就忙碌起来。假说会引导他进行某些特定的观察，会提示他完成某种特定的实验。科学家很快就有了经验，明白了出色的科学假说应具备哪些素质，正如我在第十一讲中所指出的，几乎所有的法则和假说都可以反过来理解成要禁止某个现象的发生（我举出生源说禁止了自然发生现象的例子）。很清楚，能够适应任何现象的假说恰恰什么也没有说明，把现象禁止得愈多的假说才会给我们更多的知识。

此外，出色的假说还应具有逻辑上的直接性，我的意思是说它最好只解释应该解释的事物，而不要解释其他许多毫不相干的现象。如果只把阿狄森氏病或克汀病的病因泛泛地解释成"分泌激素的腺体功能低下"，虽然不算错误，却也无甚裨益。假说具有逻辑直接性的最大优点就是能够接受相对来说直观可行的手段的检验——即要检验它用不着成立一个新的研究所或者到外层空间去作一次旅行。《可解的艺术》中一个重要的组成部分就是设计出能以切实可行的实验进行检验的假说。

实验科学的大部分日常工作就是用实验方法检验假说的逻辑含义，即检验暂时假定假说为真的时候所引出的结果。我所谓的判决型（即伽利略型）实验为进一步的推测指明了方向。实验的结果可以起到两种作用：一是对正在研究中的假说进行调整，这时假说要接受某些更进一步、更具探索性的实验的检验；二是对假说进行修改，严重时需要彻底否定某个假说，于是对话就得重新开始了。我这里设想的对话，是在可能与现实、可能正确的事物与实际正确的事物之间进行的。这是两种声音的对话：一方是想象、另一方是批判，按波普尔的话说，就是猜测与反驳之间的对话。

上述思维活动是一切探索性过程的共同特征，当然不仅限于实验科学。因为从根本上来讲，人类学家所采用的也是相同的研究方法，社会学家或临床医生在进行判断时亦不例外。技师试图弄清汽车究竟什么地方出了毛病时，也遵循了相同的思维程序。所有这一切，都与经典归纳法的搜集事实法相去甚远。作为一种合乎逻辑的思维方法（这与年轻科学家思考自己工作的方式有关），年轻科学家千万不要谈起或想到自己"推测"或"推断"了假说。相反地，我们正是从假说出发推测或推断出有关的事实陈述的。因此，正如伟大的美国哲学家皮尔士（C. S. Peirce）所清楚指出的，我们用以建立假说并且按照假说进行观察的过程是推测的逆过程——他称这两个过程为"倒演绎"（retroduction）和"反演绎"（abduction），但这两个自造的术语都没有被公众接受。

◎ 控制与反馈是研究复杂世界的重要手段

如果我们从假说中引出的推论被认为是假说的逻辑结果，那么按照假说的预测与实际情况相符合的程度对假说进行调整则是自然界中基本的、无所不在的负反馈的又一实例（见下面"证伪比证明更可靠"部分）。尽管此话已成老生常谈，但我想，再次指出这一点也不无益处。这种类似于负反馈的情形使我们想到，同其他探索性活动一样，科学研究毕竟是一种控制论性的——有目的的——过程，我们可以用这种手段把令人迷惑、纷繁复杂的世界理出头绪并了解世界的意义。

◎ 证伪比证明更可靠

认识到证明的不对称性，对于理解那个刚刚概述过的思维模式（"假说—演绎"模式）是十分重要的。

考察逻辑教学中一个简单的三段式推论：

大前提：所有的人必死。

小前提：苏格拉底是人。

结论：苏格拉底必死。

如果正确地进行推演，这个演绎过程就可以完满而绝对地确保在前提为真的条件下结论必然为真。苏格拉底不免一死，这是毫无疑义的。但这种推理过程是单方向的。如果历史学研究已经确证苏格拉底必死，并不能确证苏格拉底是人或者所有的人必死。如果苏格拉底是鱼，而所有的鱼也是必死的，上述三段论及其结论对我们依然具有约束力。然而，如果苏格拉底不是必死的，即结论是错误的，我们却可以肯定地说自己的思路出了错：要么苏格拉底不是人，要么并非所有的人都是必死的。

有些人鲁莽地认为"证明"过程较之证伪更有说服力，但上面指出的推理过程的不对称性（单向性）却说明了证伪过程在逻辑上较"证明"更为有力。确实，科学家在谈到"证明"时常常不能十分自信，而且，科学家的经验愈多，不信任证明的程度也就愈甚。随着科学家经验的日益增长，他们不久就会对证伪的特殊力量表示赞赏并认识到初学者所谓的"证明"根本靠不住。正如第十一讲中已经阐明的（在那里还为这种实验设计提出了不同的理由），"证明"是一种众所周知的科研战略，或许它能够驳倒那些总是与现在正在研究过程中的结论唱反调的"无效"假说。基于这些理由，科学中的假说和理论都达不到绝对正确的境地，永远有对它们进行批评或修改的余地。

科学家是"真理的探索者"。真理就是他所要寻求的东西，是他所努力前行的方向。但他永远达不到尽善尽美的程度，他想要回答的许多问题已经超出了自然科学的范围。我选用20世纪最伟大的科学家之一莫诺的遗言作为本讲开宗明义的座右铭。这句话体现着科学家所经常怀有的远大抱负：人可以努力去理解世界。

◎ 何为科学陈述？

那些在专业上有资格提出科学陈述的科学家有时过多地指责别人"不科学"，因而，如果有一条法则或界限可将属于科学和常识的陈述与属于其他论述范围的陈述区分开来，还是有价值的。

当逻辑实证主义者首次接触上述问题时，他们自信在"证实"概念中找到了答案。科学陈述在事实上或原则上是可以证实的，"原则上的"可证实性是由那些关于应当或可以采取哪些步骤来证实的陈述表现出来的。而那些在原则上不能证实的陈述就会被斥为

"形而上学"——很清楚，这个词是"废话"的一种委婉说法。波普尔出于对证伪作用独特而经得住考验的看法，用"原则上的可证伪性"替代了"原则上的可证实性"。他坚持认为，他所提出的这种新的划界方法并不想要划分有用与无用，而只是划分两种不同的论述范围：一个属于科学及常识的范围，另一个则属于形而上学的范围，两者各为不同的目标服务。

◎ 科学发现的机遇从何而来？

锡兰*旧称西伦迪普（Serendip）。赫雷斯·瓦尔波尔（Horace Walpole）曾想象有三位西伦迪普王子总是光凭着好运气就能创造出令人欣喜的发现或发明，因而他创造出机缘巧合的意外所得（Serendipity）这个词。

机遇在科学研究中确实起作用，在经历了长时间的灰心失望和步入没有结果的研究方向之后，科学家常常会说起或者想到大概就要获得幸运的灵感了。他们在这里所说的灵感与归纳法则承认的"幸运"并不是一回事儿，按照他们固有的观点，幸运代表着某些重要的新现象或事件之间的联系。这就是指这样的时刻，此时他们已经以正确的思想取代了错误的思想，已经形成了不仅能在表面上解释应该解释的一切现象，而且能经得起批判性评价的假说。

舍尔特（Roger Short）博士举出一个很有趣的实例说明在发

---

* 斯里兰卡的旧称。——译注

现时只依靠观察是不够的。哈维（William Harvey）是一位至高无上的观察家，尤其增强了这个例子的说服力。舍尔特论述了哈维关于概念的看法，他指出，哈维根本否定卵巢在哺乳动物繁殖过程中的作用，他坚信亚里士多德的观点，认为卵是概念的产物，特别是雄性"种子"（seed）的产物*。舍尔特补充说："哈维的解剖和观察几乎是完美无缺的，他只是在解释现象时犯了错误。即便到了今天，他的错误对我们许多人来说仍不失为一次教训。"①

但在人们比较熟悉的、理论性较差的情况下，如弗莱明发现青霉素，机遇又是怎样的呢？

弗莱明是一位优秀的科学家，从不自恃高贵，总是自行制作所使用的细菌培养基。于是就发生了下面这样具有神话色彩的事（人们就是这样讲给我听的）。有一天，弗莱明正在制作葡萄球菌或链球菌的培养基，发霉面包上的一个"青霉菌"芽孢从窗户飞进来，落到他的培养基上。芽孢生长繁殖起来，从而在它周围形成一个抑菌环，这项最初的发现引出了其他一系列的成果。

多年以来，我一直相信这种说法，因为我既无理由也无爱好

---

* 亚里士多德说，雄性的"种子到达子宫，留在那里，不久便在周围形成一层薄膜；在胎儿形成任何形态以前流产的胚体就像一个去了壳而在膜内的卵"，见吴寿彭译《动物志》，商务印书馆1979年。——译注

① R. V. 舍尔特：《哈维的概念》（*Harvey's Conception*），载于《生理学会会报》〔*Proceedings of the Physiological Society*（July 14-15, 1978）〕。亦请参见 R. V. 舍尔特的另一论文，载朱克曼编《卵巢》一书第1卷，第2版（*The Ovary*, vol.1, 2d ed., New York: Academic Press, 1977年）。

去另行解释这个发现。但是位于汉默史密斯的英国研究生医学院（the British Postgraduate Medical School in Hammersmith）里一位爱挑错的细菌学家却从几个方面向这一说法提出了挑战。首先，青霉菌的芽孢不可能在这种条件下生长并形成抑菌区域。那位细菌学家接着又告诉我说，圣玛丽医院是一所旧式建筑，有的房间的窗户关不上，有的则不能开窗。弗莱明的实验室属于后一种，所以根本谈不上芽孢会通过窗户飞进屋内。

我很遗憾，有关弗莱明发现的传说经不起仔细推敲，因为本来我很愿意相信它是真实的；但即便这个故事是真实的，也不能充分说明机遇的作用。弗莱明为人慈悲为怀、温和善良，他对于第一次世界大战这场灾难给士兵造成的坏疽及其他并发症深感震惊和难过。石碳酸杀菌剂是当时唯一可用的药物，但在体液中它几乎毫无活性，而且对机体组织的损害大于对细菌的杀伤，因此增加了感染伤口的并发症。弗莱明当时对于不损伤组织的抗菌物质所特有的优点已经心中有数了。

弗莱明之所以最终发现了青霉素，是因为他一直在寻找它，这样说并非在方法论上夸大其词。可能已经有一千人曾经观察到弗莱明所见到的现象，但都对此熟视无睹，也没有以任何方式发展这种观察。但弗莱明的心中却有正确的思路，他正期待着这一切。想什么，才能有什么。巴斯德有一句名言：机遇只偏爱那些有准备的头脑。丰特奈尔发现"好运气只有那些干得出色的人才能得到"！

青霉素的发现纯粹是交了大红运，因为当时谁的头脑都不可能有充分的准备，只是最近的研究才发现了问题的症结所在：大部分抗生素的毒性都很大，因为它们干扰了细菌细胞和正常机体细胞所共有的一部分代谢机制，放线菌素 D 就是极好的例证：它干扰细胞核中 DNA 向 RNA 的转录过程，而 DNA 正是通过这种过程才发挥效用的。由于此过程是细菌与正常机体细胞所共同的遗传机制，因此放线菌素不仅影响细菌，同样也影响正常机体细胞。而青霉素由于只影响细菌所特有的一种代谢机制，所以对人没有毒性。

◎ 科学有极限吗？

有一种观点认为科学不能回答初始和终极事物以及目的论方面的问题，即便我们接受这种观点（恐怕必须接受），科学回答问题的能力仍然没有一个众所周知、可以接受的极限。17 世纪辉煌成就的奠基者们提出"百尺竿头更进一步"的口号是因为他们相信科学中总有些更深刻的东西存在，这是正确的。惠威尔首次提出了一种科学观，他认为：假说是想象的成果，因而与想象本身不同，它不受任何限制。这与后来波普尔发展成为完备体系的那种科学观大致相仿。当年，惠威尔的论敌穆勒被这种标新立异的观点所震惊，但穆勒印象最深的还是科学所具有的伟大荣誉以及人类关于科学是永无止境的这个根本信念。只有当科学家丧失了想象真理的力量或本能时,科学才会枯竭。设想科学的终结并不比设想绘画艺术的终结来得便当。当然,有些问题根本无法解决,波普尔和约翰·艾克尔斯(J. C. Eccles)指出脑与精神的关系可能就是一例[①],但这种问题却很难再想出第二个来。

◎ 什么是科学研究的范式?

我偏爱用"假说—演绎"方法来描述科学过程有两个原因。其一是,我发现这种研究方法比较精确,可以应用到自己的思维过程中去;其二是,我受到许多科学家和医生的影响,他们认为用"假说—演绎"方法来表述探索性过程十分合适。但如果我的偏爱使人认为"假说—演绎"框架是对科学过程唯一通用的解释,那实在太不公平了。库恩(Thomas Kuhn)在《科学革命的结构》以及最近在《必要的张力》[②]中阐明的观点引起人们的极大兴趣。在一次以《批评与知识的成长》[③]为题的讨论会上,由库恩本人及其他学者对库恩的观点进行了解释性的讨论。

库恩观点的流行确实表明科学家们认为这些观点富于启发性,

---

① 波普尔与艾克尔斯合著《自我及其脑》(*The Self and Its Brain*,Berlin: Springer,1978),序言。

② 托马斯·库恩:《科学革命的结构》(*The Structure of Scientific Revolutions*, Chicago: Chicago University Press, 1962; 2d ed., 1970);《必要的张力》(*Essential Tension*, Chicago: Chicago University Press, 1978)。

③ I. 拉卡托斯与 A. 马斯格雷夫主编《批判与知识的成长》(*Criticism and Growth of Knowledge*, Cambridge: Cambridge University Press, 1970)。

因为科学家没有太多的时间去对付那些被他们看成是只讲大道理的理论。库恩的观点与波普尔的观点并不是势不两立的。

库恩的见解大体如下。波普尔正确地认为判决性评价具有极为重要的意义，但对假说的判决性评价却不只是科学家与现实之间的私人交易，如果那样的话，这种评价就成了事实与幻想之间的一场竞赛。科学家常常用当前科学观念的"法典"与自己的假说进行比较。这里所说的"法典"是指当前的理论信仰及公认的信条所构成的框架，亦即当前所流行的"范式"（Paradigm）*。人们倾向于用这种"范式"解释科学每天提出的大量问题。在这种气氛中进行探索的科学家就是库恩所称的从事"常规科学"的人物，他的研究充其量只是解难题活动（puzzle-solving）。

瓦特金斯（J. W. N. Watkins）在前面提到的那次讨论会上评论说，库恩把科学共同体比作宗教共同体，把科学比作科学家的宗教，这并不值得大惊小怪。科学家经常很不愿意摆脱已经接受的信仰，他们有时对流行范式以外的概念很不耐烦，但常规科学还是会遇到挑战的。常常可以见到，一位反常科学家或一个反常现象用某项新的理论取代了目前通行的范式，导致一种新范式的产生，这个新范式定义了一种全新的"常规"科学，并一直延续到再次发生科学革命时为止。库恩把其近著的标题"必要的张力"解释为科学传

---

* 范式又译规范、范型。——译注

统与变革之间的关系。我们继承的教条和教义影响着科学，而不时发生的科学变革则开创出新的"范式"，"范式"这个术语就是经由库恩的著作得以广泛流传的。

库恩的观点对科学家的心理有所启迪，并对科学史做出了有趣的注解，但这些观点并不等于方法论——方法论是关于探索问题方法的理论体系。

在实际生活中，科学家在没有确实理由相信某一假说之前，他们总是相信原来的假说。这就是他自己所遵循的范式。如果这个范式中体现了他的某个思想，那么占有的骄傲可能会更增强他对该范式的保守性。至于变革，则不断地在进行，科学家今天对研究工作的看法与明天的看法不完全相同。因为阅读、思考、与同事进行讨论，这一切都导致工作重点在某一方面的变化甚至会彻底改变思路。在实验室中，新的意外情况层出不穷。库恩著作中的某些观点使我认为，他所说的常规科学生活，就是对业已建立的事物秩序固定不变的、虔诚庸俗的满足情绪。但实际上，在任何从事独创性科学研究的实验室里，一切都在不停地发生变化。当然，社会科学的情况可能有所不同，社会科学的脉搏跳动得较慢，对其观点进行评价当需时日。在这里，我们谈到了"常规科学"，如果把常规科学形态的更替过程比作一场革命，可能要更贴切一些。

◎ 科学方法是万能的吗？

人们如果回溯某一段科学探索的历程，可能会发现该过程具有"假说—演绎"的特点。尽管如此，年轻科学家可能仍会怀疑有没有必要为科学探索建立无所不包的模式。他可能暗想，大部分科学家并未接受过科学方法上的正规教育，而那些学过科学方法的人看来并不比那些没有学过的人干得更出色。

年轻科学家并无必要煞有介事地接受科学方法的训练，但他们必须清楚地认识到，搜集事实至多只能算是一种消遣，并不存在能够迅速引导他从经验性观察走向真理的思维公式或推理程序。在观察与对观察的解释之间通常还插入另一种思维活动。我已经解释过，科学中的创造性活动就是想象性的猜测。科学中的日常工作包括了在有力的理解支持下的常识性实践。虽然它所采用的推论方法并不比日常生活中所应用的方法更为精细和深奥，但包括了掌握内在联系和发现相互之间的类似之处的能力，并且能够既不受拙劣的实验证据的影响，也不受人们所偏爱的假说的引人之处甚至是可爱之处的迷惑，而果敢地做出决断。无须夸大智力的功绩。我们有时所说的"科学方法"，是常识的一种潜在形式。

在力图使别人相信自己的观察或观点之前，科学家必须首先使自己信服。假设这一点不容易做到，与其被人认为容易上当，倒不如赢得爱挑毛病、不相信人的名声。如果科学家要求同事对自己的工作提出坦诚的批评，就应信任同事，让人家把话讲清。当一位科学家用以建立起一套理论的实验设计得马马虎虎、操作得并不出色时，如果同事却向他打保票说，你的工作清晰明确、令人信服，你的观点实在条理分明云云，这就算不得是友善的表示，倒确实可能是一种有敌意的举动。更广义地说，批判性在一切科学方法中是最强有力的武器，它是使科学家不至于坚持错误的唯一保障。所有的实验设计都是批判性的。如果某项实验不能提出导致人们修正自己观点的可能性，为什么还要从事这项实验就值得考虑了。

第十四讲

科学的使命是什么？

> 许多年轻科学家希望自己所热爱的科学能够成为导致人类变得更好的一种社会变革的动力，他们悲叹受过科学训练的政治家寥寥无几，而对于科学展示的前景和成就具有深刻认识的政治家也是凤毛麟角。这些悲叹表明，他们完全误解了当今世界所面临的某些最迫切要求解决的问题，即人口过剩和在多种族社会中实现和平共处的问题。这些都不是科学问题，也容不得用科学的方法来加以解决。
>
> 科学家可以通过多种途径为人类处境的改善而工作。

◎ 乐观与悲观

乐观是科学家的性格特征，与斯蒂芬·格劳巴德（Stephen Graubard）所称"人文主义者的习惯性悲观"相比，这种特征有时是有损于对科学家的评价的。不过，考虑到下面的情况，上述观点就不足为怪了，即：科学是人类所从事的最成功的活动，尽管我们未曾听说有飞不上天的飞机，也未曾听说大多数遭到舍弃的假说成为科学家心头之痛。

科学家可能是乐观的，但把他们说成"乐观主义者"则犯了哲学上的错误。因为科学家如果被称作"乐观主义者"，他们的"存在理由"就将化为乌有。乐观主义是源自莱布尼兹神正论（theodicy）*的一种形而上学信仰，它未能免遭伏尔泰的嘲弄奚

---

* 语出 Theodicée，是德国哲学家莱布尼兹（Gottfried Leibnitz，1646—1716）一本自然神学著作的名称。——译注

落——伏尔泰在《老实人》(*Candide*)一书中对乐观主义进行了批评。他的见解指出，发光的未必都是金子，我们这个世界也并不是最美好的乐园。

◎ 乌托邦与田园牧歌

科学家也往往具有乌托邦式的性格——他们相信，在原则上甚至在实际上一个完全不同的，总的说来更好的世界有可能存在。乌托邦思想的全盛时期是地理探险大发现的时代，那时的地表探险与如今的太空旅行具有同等重要的意义。旧式的乌托邦——新大西岛、基督城和太阳城——与当代社会相距遥远，但今天的乌托邦居民的梦想却存在于遥远的未来或相距遥远的、尚未发现的某个太阳系的行星之中。

田园牧歌式的思想既不瞻望前程，也不目光远大，而是一味梦想那个一去不复返的黄金时代。田园生活是指没有野心、没有欲望的生活，安分守己地默认已经建立的事物秩序，没有争吵也没有野心——人们"真实而诚恳地生活"。我这里是引用弥尔顿的话，他认为教育的目的在于"修复我们第一对父母留下来的废墟"，回到堕落之前的那个欢乐清白的世界中去。在与弥尔顿同代的相信太平盛世说法的清教徒知识分子中，这种田园牧歌式的理想并不鲜见。正如韦伯斯特（Charles Webster）在《伟大的复兴：1626—

1660年的科学、医学与改革》^① 一书中所清楚表明的，这些清教徒在培根和夸美纽斯的科学革命中起过极为重要的作用。对此我们无须惊讶，因为对世外桃源的向往和对新兴哲学的拥护都表明他们对当时世界状况的极端不满。

田园式的思想至今不死，只是换了一种形式而已。尽管历史会周期性地重演的概念早已被人抛弃，但这种思想却仍然由于不满情绪——尤其是据说对世界的状况"科学要负责任"的看法——的存在而受到鼓励。

有一种晚期的田园牧歌理想把18世纪拥有土地的英国富绅的生活状况看作人类生活的最佳状态。富绅靠着家庭农场合宜而丰裕的收成生活，一批心满意足、毕恭毕敬的佃农围着他，他也真心实意地照管佃农的利益。不仅如此，他还雇用了一大批忠心耿耿的户内或户外仆役。对仆役来说，老爷召集他们作早祈祷或定期到教堂礼拜是男子汉式虔诚的最好榜样。拥有土地的绅士建立起一个大家庭，家族中最年长的男性成员将接替他照管家业；他的女儿们虽说不能帮母亲干各种家务，却通过有利的婚姻光宗耀祖。还得有一位常住的年轻家庭教师存在，这个田园牧歌式的小康农家才算完满。也许是出于对家庭生计的考虑，教师会尽全力地按照可能受到约翰

---

① 查尔斯·韦伯斯特：《伟大的复兴：1626—1660年的科学、医学与改革》(*The Great Instauration: Science, Medicine and Reform 1626-1660*, London: Butterworth, 1976)。弥尔顿的话引自他就教育问题写给塞缪尔·哈特利布（Samuel Hartlib）的信（1644），该信在弥尔顿散文选的普及版中重印。

逊博士赞许的方式来教育下一代（见第55页）。

这个世界对绅士来说无疑是美妙的，但对家务杂仆来讲，可就没有什么乐趣可言了。他们得等到熬夜的主人全都睡下后才能休息，有些仆人清晨又得早早起身，生好卧室和起居室的炉火，在老爷下楼前，把一切都收拾得井然有序。户外仆役的活计艰辛异常，他们想到自己在业已确立的等级制度中的地位时，大概感受不到他们的老爷对自己地位的那种满意之情。仆役每时每刻都在为自己和全家的生计忧心忡忡，因为这一切全得仰仗乡绅或管家的赞许和善心。

乡绅的妻子在这种生活中也找不到什么乐趣。为了抵偿残酷无情的婴儿死亡率，她得不停地生儿育女，这让她在不知不觉中降到了奶妈的地位。但是，出于自负、礼节和对医疗的百般疑虑，这种生理上的痛苦和心理上的贬抑却只能成为她的难言之隐。等级地位对太太的束缚绝不亚于家仆，在某些方面甚至有过之而无不及。

我与刘易斯（C. S. Lewis）进行过数年的友善对话，重建了这种田园牧歌理想国的更令人信服的基础。刘易斯把这种理想之国看成是他所憎恶的以科学为基础的世界的一种对抗刺激剂。他认为，科学家们正策划着以工厂化农场和化学化农业的产品来取代他所至为热爱的那个世界。在他看来，这个新的世界"没有高脚椅，没有金子的闪光，没有雄鹰，也没有猎犬"，真是一片不毛之地，他在《可怕的势力》(*That Hideous Strength*)一书中正是这样描写的。当然，与所有沉湎于田园牧歌幻想的人一样，刘易斯是把自己看成乡绅的。而科学家则很少有这种教养和世故，他们不敢设想自己成为显贵人物，大概只能这样想象自己的处境：顶多能当上个常住的家庭教师，而更有可能的是当个走东串西掏阴沟的伙计。

我刚才所概述的，当然已是相当晚近的田园牧歌理想了，它与尚古主义的田园理想已相去甚远，让·雅克·卢梭（Jean Jacques Rousseau）笔下高尚的原始人就是这种理想的最著名代表。远在卢梭之前，人们就曾设想过原始的、清白纯朴而丰衣足食的世界，例如，古希腊人设想了希帕鲍瑞人*的公社，在那里，大地慷慨地布施奉献，连山羊也自动地生出奶水供人食用。

这种尚古主义曾是人类文化史的一个重要基础，科学的发展并未使之销声匿迹，它反而比以前更具吸引力了——如果不是较前更可信了的话。如果着意寻找，任何人都发现大量证据说明卢梭的思想经常在日常生活和思想中浮现出来。

◎ 科学救世主义起源

无论是乐观还是沮丧，无论是乌托邦还是田园牧歌式的遐想，科学家和大部分普通百姓一样，总觉得自己活在世上有些特殊的原

---

* 原文为 Hyperboran，该词出自希腊神话，专指生活在北风吹不到、永远阳光普照地区的人民。——译注

因，不像谚语所说活着只是因为"人生在世"。科学家之所以成为科学家而没有干别的，在他们自己看来也是有特殊原因的。

人们从科学家特别是年轻科学家的谈话或公开发表的观点中可以很快发现，鼓舞着许多科学家的一种信仰是贡布里希爵士的"科学救世主义"。这种思想当然是从属于乌托邦主义的，它认为，一个美好的世界在原则上终会到来，而且通过对社会实行巨大变革，原则可以变成事实。他们相信，科学将成为促进这种变革的动力，而人类所面临的问题（不排除那些来自人类本质上的缺陷的问题）会促使人们进行科学探索，为达到阳光普照、和平富足的世外桃源指明道路。比起这个令人厌倦、千疮百孔的现实世界，世外桃源简直像是天堂了。

对科学的这种崇高而深深的信赖起源于人类精神的两次伟大革命。第一次革命引入了新的哲学（我们现在称之为"新科学"），弗兰西斯·培根曾经是这次革命的倡导者。《新大西岛》(New Atlantis)一书就是培根对于按照这种新哲学建立起来的世界形象的幻想：这个世界中主要的产品就是见识——理解的见识，这种理解不仅涉及物质世界，也涉及我们人类自身。那些主宰着这个世界的哲学家兼科学家，通过无限地扩大人类的理解来致力于影响一切可能受影响的事物。

除了那些既体现科学的荣耀又体现其威胁的内容以外，培根大西岛之梦中的其他一切现在都已荡然无存。存留下来的这部分内容使人自觉地认识到这样一个真理：从原则上讲，什么都有可能发生（这并不与自然法则相背拗），只要有足够的果敢和不懈的毅力，就能够实现自己的意愿。据此推论，科学事业的方向就是由政治决策决定的，或者归根结底是由科学以外的裁决行动决定的。科学开拓了可能的活动途径，但它本身并不具体选择这条或那条途径。

我已经提到过韦伯斯特论述培根和夸美纽斯的巨著。他曾指出，上述新兴哲学的许多动力来源于积极的清教徒活动家，他们在新科学中找到了使英国达到太平盛世的良策，这应验了《圣经》中第12章第4节中丹尼尔的预言："许多人切心研究，知识就必增长。"培根在《伟大的复兴》（*Great Instauration*）一书1620年版中描写船只自由通过直布罗陀海峡并非出于偶然，曾几何时，这个海峡被人们视作世界的边缘。在海格利斯石柱（Pillars of Hercules）*之外可以看到无垠的大海，因为天外总还是有天。哈特利布在写给夸美纽斯的一封信中劝他到英国来："来，来，来，现在是上帝的仆人聚集一堂、为上帝使者的来临备好圣餐之时了。"科学和实用技艺的发展将成为这备餐过程中最重要的因素。

韦伯斯特著作带给我们的主要启示在于，现代科学的起源在宗教和文字上与《圣经》的关系可能比人们普遍认为的要深得

---

* 指直布罗陀海峡两岸的悬崖。海格利斯是希腊神话中的大力神，曾完成十二个奇迹。据说，他在直布罗陀海峡竖立两根石柱，以此标志着世界的尽头。——译注

多——那些在传统观念中成长起来的人可能会对这种说法大吃一惊。被韦伯斯特选来做特别研究的这个时期,1626—1660年,是现代史上最激动人心、令人兴奋的时期,是怀着伟大希望的创业时代。当时,科学就是由身居圣职的人支配的,这些支配科学者在事业上的成就很大程度上要靠清教徒的恩惠。

尽管培根把自己描绘成新哲学的"吹鼓手",但他的许多思想却带有一些中世纪甚至是古代的色彩〔罗西(Professor Paulo Rossi)教授称他是"现代之梦经常萦绕于心的中世纪哲学家"〕。尽管培根的科学方法没有也确实不能发挥效力,培根的作品还是曾经激励过他的读者,今天仍然如此。培根仍旧是科学上最伟大的发言人,是最伟大的福音传播者。透过培根和夸美纽斯的作品,我们仍可感受到在我们当前生活的世界刚刚复兴之时,人们的那种狂喜和令人窒息的激动之情。

促使科学救世主义产生的第二场伟大思想运动,没有带上过多的振奋人心的印记,倒确实有不少自满和自信的痕迹。这就是我们所谓的启蒙运动。启蒙运动最有感召力和最富于献身精神的代言人是孔多塞,他认为进步有其历史的必然性。他说,"欧洲最为开化的国家"中人类的状况是,哲学(科学)"不再需要猜测,不再需要构筑假想的体系;它所要做的一切不过是搜集及整理事实,揭示存在于事实整体中以及事实各个不同部分之间有用的真理"。孔多塞相信,自然法则的永恒性确保了进步的实现,他因而着手向我们显示这种进步"尽管看上去像是空想，但逐渐变得有可能甚至是轻而易举了"，"尽管偏见可能取得昙花一现式的暂时胜利，也可能得到政府和人民的迂腐的支持，但真理终将取得永久性的胜利"。他继续解释说，自然已经"将知识的进展与人类的自由、善行和天赋权利观念方面的进展密不可分地结合在一起了"。

这种经由科学知识产生的不可避免的进步依然是令人吃惊的。像孔多塞这种天真而满怀希望的人也未能避开革命派的敌意。我所引用的这部著作（一个现代译本）就是在他死后经革命者之手出版的。

科学家都无条件地相信推理的必要性，至少在这个特定的意义上来说，科学家作为一个阶级要算作是理性主义者。任何强迫他们从这种观点后退的做法都会令他们惊讶，并伤害他们的感情。理性主义负有特殊的义务，应该与非理性主义的摩登情趣做斗争——在这种非理性主义中不仅有勺把转动（心灵致动的一种时髦形式）及其在哲学上的等价物，还有用"狂想曲式"的知识来替代迄今令世界上所有伟大思想都十分满意的平淡无奇的推理方法的倾向。对东方智慧和神秘的神学观念的崇拜属于主要的反科学运动中的一种。在乔治·坎贝尔（George Campbell）看来，神秘的神学只是呈献给上帝的乏味之词。在那里，本来应被剥夺生命的是活的牺牲品，但最后被剥夺的却是上帝。

然而，年轻科学家切勿将推理的必要性错当成推理的充分性。

理性主义不能回答许多简单而幼稚的问题，诸如涉及起源和目的那些问题常被轻蔑地斥为不成问题的问题或是貌似问题的问题，尽管人们早已十分清楚地理解了这些问题而且长期以来就知道了问题的答案。理性主义者容易被斥为"空想"，恰似糟糕的医生遇到了不能诊治的疾病，这是一种理性上的痛苦。我们并非出于理性主义才去寻求这些简单问题的答案，理性主义根本就反对这种寻求答案的努力。

◎ 物质的繁荣是否会导致精神贫困？

那些为医学和农业的进步或制造业的改进而工作的科学家可以成为物质进步的动因，事实常常确实如此。这样说来，科学家可能会因为两种不同的理由而感到不快，其一是一种并不高明的批判性的陈词滥调，说什么物质的繁荣会导致精神上的贫困；其二则更不得了，是说物质的进步不能保证避免今天困扰着人类的任何一种主要弊端。

物质繁荣会导致精神贫困的思想是那些嘲笑进步的人所欢迎的，尽管许多这样做的人——或是那些完全忘却了上述概念，却装作因不解进步的"真正"含义而困惑的人——都是不公开的信徒。如果家里的地沟坏了，大概不会有人不愿把它修好的，不过马吉（Bryan Magee）指出，伦敦的《泰晤士报》大概一度就是喜欢臭地沟的。① 当时，查德威克（Edwin Chadwick）想用铺设合理的城市排水系统的办法来改善伦敦人的健康状况，遭到《泰晤士报》的尖锐指责。《泰晤士报》用一种因袭多年的反科学腔调宣称：不，伦敦人，"宁愿冒着染上霍乱或其他什么疾病的风险，也不愿受查德威克先生及其同事以健康为借口进行的威胁"。具有讽刺意味的是，坚信进步的维多利亚女王的丈夫阿尔伯特王子（Albert, Prince Consort）却不得不倒了大霉。他染上伤寒不治而死，后来人们发现温莎城堡中的20个污物池都已水满自溢了。

《泰晤士报》痛斥查德威克的精神仍然无所不在：美国各市政当局的市长总是反对在水中加氟，而英国的市长则断定加氟起不了什么作用或根本就是有害的，在加普吐司（Gaptooth）——龋齿之神统治下的奥林匹克山的角落里，群魔可要欢庆高歌了。*

我们再一次被要求在充分与必要之间划出一条界限来。要充分发展人的精神，只有良好的排水系统、快捷的通信系统和坚固的牙齿当然是不够的，但这些东西却是有帮助的。难道只有贫困、自私和疾病才会导致创造性吗？谁也不要被这种浪漫主义的废话所迷惑。佛罗伦萨在鼎盛时期是一个大商埠兼金融中心；都铎王朝时代的英国是繁忙富足之邦；要想在伦勃朗画笔下的阿姆斯特丹市景

---

① 布莱渊·马吉：《朝着2000年》（*Towards Two Thousand*, London: MacDonald, 1965）。

* 在自来水中加氟，是预防龋齿的一种方法。加普吐司原意系指缝隙很大的牙齿，常因一颗牙脱落所致。——译注

中找出艺术在逆境中繁荣的证据也是枉然。虽然我不常听到对这种极端愚蠢的见解的评论，但我仍能记得人们向我保证，瑞士就是一个被富足和物质享受窒息了有利的创造性灵感的国家。其实，瑞士的物质享受要么是科学和工业的产品，要么是节俭和精打细算的结果。

这个熟悉的声音继续说，瑞士对文明生活的主要贡献无非就是自鸣钟。这种评价令人吃惊，因为它完全无视了瑞士在世界上所倡导的各国在多国共同体中和平共处的原则，也无视了瑞士的宽容和好客传统，正是这种传统使得瑞士长期以来成为哲学家、科学家、富于想象力的作家以及逃离暴政的流亡者的避难所。

人们反对科学促成的物质进步的真正原因，在于他们犯了简单的教条主义错误，这种错误是现代的、世俗的相当于原罪的教义：原善教义。保证人类的衣、食、住，使他们脱离痛苦，他们本性中的善就会占据优势，他们就会变得和睦、友爱、合作、乐于助人，会为共同的利益而工作。给孩子们以爱抚、温暖和保护吧，那样他们就会变得既可爱又乐于爱别人，和睦友好、大公无私，肯于把自己的玩具或其他物品拿出来与朋友共享，凭本能而清楚地知道究竟什么对自己的现在和未来有所裨益。没有经验的教师和年轻的父母常常真的以为孩子们不仅知道该吃些什么是最好的，而且也明白该学些什么、不该学什么。他们忧心忡忡地唯恐坚持和施以权威会剥夺孩子们自发的创造力和天真烂漫的想象力。

我认为，没有什么证据能够反驳性本善的观点，但是促使人们相信这一观点是真理的论据也很少。但我们不得不认为，相信这一论据的倾向是人类的一种可爱品性。

◎ 让科学造福人类

如果性本善的观点正确，那么科学向善论则体现了一种合理、合法的愿望，因为有朝一日科学终究会创造一种可以传播这种本来的美德的环境。但科学家对科学所抱的希望可能比这要低得多，我们还是先来考虑这种希望不大的看法吧。

许多年轻科学家希望自己所热爱的科学能够成为导致人类变得更好的一种社会变革的动力，他们悲叹受过科学训练的政治家寥寥无几，而对于科学展示的前景和成就具有深刻认识的政治家也是凤毛麟角。这些悲叹表明，他们完全误解了当今世界所面临的某些最迫切要求解决的问题，即人口过剩和在多种族社会中实现和平共处的问题。这些都不是科学问题，也容不得用科学的方法来加以解决。但这绝不意味着限制科学家在看到某些事件或政治决策会影响国家乃至人类的健康发展时感到震惊。作为科学家，他们会发现自己对于这些问题的解决能起到必要和显著的作用——但解决这些问题对于太平盛世的到来并无助益。

例如人口过剩的问题，科学家可以设计出有益的，能够接受的生育控制方法——这可不是件轻而易举的事情，想想看，一个机体有多少种生理和行为的方法来保证种群的繁衍吧。但是，假定他们能够获得成功，要想在人民群众中推广应用这些避孕措施可能会带来一系列政治上、管理上和教育上的问题，人们可能不会阅读指导避孕的小册子，也很不习惯采取避孕措施，甚至可能想尽可能地多生孩子。

还有，这种科学家对于种族冲突之类的问题又能有什么作为呢？在这个问题上，科学家的作用极其像评论家而不是政治家。他也许会揭露种族优越主义的荒谬借口以及从邪恶的老弗兰西斯·高尔顿爵士（Sir Francis Galton）的作品中滋长出的精英遗传的大杂烩。他最终可能会使在种族关系问题上倒行逆施的政治家明白，别想指望科学能够支持或宽恕他们的罪行。简而言之，科学家可以通过多种途径为人类处境的改善而工作。

许多科学家可能认为社会修理工即社会批评家的职责降低了他们自己以及科学在世界上的地位。然而，这都是庸人之见。如果科学家的要求过高或是他们对科学效能的要求超越了实际可能，科学家就会丧失其影响，而本来他们是应该、也可能发挥这种影响的。

我所说的科学家的作用，可以称之为"科学向善主义"。向善论者不过是那些相信世界可以经由人类所采取的明智方法取得较好地位的人物（"啊，不过你说较好是什么意思呢？"等等、等等）。此外，他们还相信自己也可以采用这种方法。议员和管理人员都是典型的向善论者，而被人们认为是向善论者正是他们之所以成为议员和管理者的原因。发现错误并力图加以纠正，他们实现了最易于实行的改革措施，但这种方法不可能改革整个社会或重建全部司法系统。相对来说，向善论者是一些卑谦的人物，他们力图把事情办好，如果有证据说明确实干得不错，他们就会感到高兴。这对于一个明智的科学家来讲已经是野心勃勃的计划了，它根本不会贬低科学，因为世界上最古老、最著名的科学学会所公开宣称的崇高目标也不过就是要"促进自然知识"。

在上面两个例子中，我所设想的科学家都有目的地致力于实用的——即"与实际有关的"——事业。但许多科学家所从事的工作则被人们错误地称为"纯粹的"研究。他们从哪里得到自己的满足呢？只有从学术进展的本身获得这种满足，此外别无良策。

夸美纽斯代表所有的科学家讲话。他把自己的《理解之路》[①]（*Via Lucis*）一书献给了伦敦皇家自然知识促进学会（献辞是"杰出的先生们，祝福你们英雄的事业成功！"）。他相信，杰出的先生们使之日臻完美的哲学，会使"于身心、于人生有益的一切持续不断地增长"。夸美纽斯自己的雄心壮志也大得异乎寻常，他准备为无所不知而工作："构筑一个单一和综合的人文主义全能科学框

[①]《理解之路》(1668)一书的原本传世不多，我所摘引的是坎帕哥纳克（E. T. Campagnac）的译本（London: Liverpool University Press, 1938）。

架"，其目的"完全在于改善所有地方的所有人的生活状况"。有那么一些人，他们满怀希望、决心自愿追随夸美纽斯的信念，去寻求一种放之四海而皆准的、"可以掌握、可以适用于所有人的共同利益"的学问，他们确实是通过理解来达到这些目的的。

译名对照表

Abduction 反演绎
Administration 管理
Albert, Prince Consort 维多利亚女王的丈夫阿尔伯特王子
Apparatus 设备
Arcadia, Arcadian thinking 田园牧歌，田园牧歌式的思想
Archmaster, experimenter as 带头人
Art of the Soluble《可解的艺术》
Ayer, A. J. 艾耶尔

Bacon, Sir Francis 弗兰西斯·培根
Belloc, Hilaire, quoted 希莱尔·贝洛克
Blake, William 威廉·布雷克
Bragg, Lawrence 劳伦斯·布拉格

Braudel Fernand 弗南·布劳德尔
Chadwick, Sir Edwin 查德威克
Chauvinism in science 科学中的沙文主义
Chesterfield, Lord 切斯特菲尔德
Cimento, Il 考验
Clarke, Ronald, Life of J. B. S. Haldane 罗纳德·克拉克，《哈尔丹的生平和工作》
Cobbett, William, Advice to Young Men and Young Women 威廉·科贝特，《对年轻男女的忠告》
Coleridge, S. T., Encyclopaedia Metropolitana 萨缪尔·泰勒·科尔里奇，《大百科全书》

Collaboration in science 科学上的合作
Comenius, Jan Amos 扬·阿姆斯·夸美纽斯
 Via Lucis《理解之路》
Condorcet, M. J. A. N. de C. 孔多塞
Conklin, E. G. 康克林
Contractual obligations of a scientist 科学家的契约服务
Cowley, Abraham 亚伯拉罕·科利
Cybernetics 控制论的

Descartes, R. 笛卡儿
Discoveries 发现
 Synthetic, analytic 综合型发现, 分析型发现
DNA=deoxyribonucleic acid 脱氧核糖核酸
"Doctrine of original virtue" 原善教义
Domagk, G. 杰哈德·多马克

Eccles, J. C. 约翰·艾克尔斯
Enlightenment 启蒙运动
Experimentation: 实验
 different kinds of: 不同类型

Aristotelian 亚里士多德型
Baconian 培根型
Galilean 伽利略型
Kantian 康德型
result of 结果

Falsification 证伪
Feedback 反馈
Fiction, gothic 哥特式小说
Fischer, Emile 埃米尔·费歇尔
Fleming, A. 弗莱明
Florey, H. W. 霍华德·弗洛里
Franklin, Rosalind 罗莎琳·富兰克林
Freud, S., "oceanic feeling" 弗洛伊德,"海阔天空之感"

Galileo 伽利略
 see also *Cimento, Il* 参见：考验
Galton, Francis 弗兰西斯·高尔顿
Geometry, non, Euclidian 几何, 非欧及欧氏几何
Gibbons, Stella, *Cold Comfort Farm* 斯台拉·吉本斯,《寒冷宜人的农场》
Glanvill, Joseph, *Plus Ultra*, quoted

约瑟夫·格兰维尔,《百尺竿头更进一步》

Glyceryltrinitrate 三硝酸甘油酯

Goddard, Henry 亨利·哥达德

Gombrich, E. 恩斯特·贡布里希

Good, Robert A. 罗伯特·古德

Graubard, Stephen 斯蒂芬·格劳巴德

Haber, Fritz 弗里茨·哈伯

Haddow, Alexander 亚历山大·哈多

Haldane, J. B. S. 哈尔丹

Hampshire, Stuart 斯图尔特·罕布什尔

Hardy, G. H. 哈代

Harrison, Ross G. 罗斯·G. 哈里森

Hartlib, S. 萨缪尔·哈特利布

Harvey, William 威廉·哈维

Huggins, Charles B. 查理斯·B. 哈金斯

Hungarian scientists 匈牙利科学家

Hypothesis, null 假说,无效假说

formation, covert 形成,潜在假说

Ingle, D. J. 莱特·英格尔

Institute of Electrical Engineers, *Speaker's Handbook* 电气工程师协会,《演讲者手册》

Intelligence 智力

tests 智力测验

Jews, proficiency in science 犹太人,精通科学

Johnson, Samuel 塞缪尔·约翰逊

Life of milton, quoted《弥尔顿生平》

Lives of the Poets《诗人的生涯》

Kamin, L. J. 卡明

Kant, Immanuel, "restless endeavor" 伊曼努尔·康德,"不懈努力"

Kuhn, T., works cited 托马斯·库恩及其涉及的作品

Latakos, I., *Criticism and the Growth of Knowledge* 拉卡托斯,《批判与知识的成长》

Latimeria 矛尾鱼

Lewis, C. S., *That Hideous Strength* 刘易斯,《可怕的势力》

Luck 机遇

Magee, Bryan 马吉

Medawar, J. S., *The Life Science* J.S. 梅多沃,《生命科学》

Medawar, P. B., *The Art of the Soluble* P.B. 梅多沃,《可解的艺术》

The Hope of Progress《进步的希望》

Induction and Intuition in Scientific Thought《科学思想中的归纳与直觉》

The Life Science《生命科学》

Meliorism, scientific 向善论,科学向善论

Merton, Robert K. 罗伯特·K. 默顿

Writings on priority 优先权的著作

Messianism, scientific 乌托邦主义,科学的乌托邦主义

Mill, John Stuart 约翰·斯图尔特·穆勒

Milton, J. 弥尔顿

Monod, Jacques 雅克·莫诺

Montgomery, Field Marshal Lord 蒙哥马利,陆军元帅

Musgrave, A., *Criticism and the Growth of Knowledge* A. 马斯格雷夫,《批判与知识的成长》

New Atlantis《新大西岛》

Nobel Prize, Nobel laureates 诺贝尔奖,诺贝尔奖得主

Orwell, George 乔治·奥维尔

Paradigms 范式

Parker, G. H. 帕克尔

Pasteur, Louis 路易·巴斯德

Panling, Linus 莱纳斯·鲍林

Peirce, C. S. 皮尔士

Penicillin 青霉素

Ph. D., D. Phil., etc. 哲学博士

Plus Ultra《百尺竿头更进一步》

Popper, K. R., *Conjectures and Refutations* 卡尔·波普尔,《猜测与反驳》

Works cited 涉及的作品

on falsification 反证

Priority in publication 出版的优先权

Proof 证据

Racism in science 科学中的种族主义

Reformation 宗教改革

Religion and science 宗教与科学

Retroduction 倒演绎
Rossi, Paulo 罗西
Rous, Peyton 佩顿·卢斯
Rousseau, J. J. 让·雅克·卢梭
Royal Society of London 伦敦皇家自然知识促进学会
Russell, Bertrand, *Sceptical Essays*, quoted 伯特兰·罗素,《怀疑论文集》

Salome, Lou Andreas, and erotism 卢·安德列斯·萨洛姆,"肛门性欲"
Science, pure and applied 科学,纯粹科学与应用科学
Science, contractual obligations 科学,契约义务
Science and religion 科学与宗教
Scientists: 科学家
　Wicked 邪恶的
　Hungarian 匈牙利人
　Viennese 维也纳
Scientmanship 科人无行
"Serendip," "serendipity" 锡兰,机缘巧合
Sexism in science 科学中的性别

Snow, C. P. 斯诺
Sprat, T., *History of the Royal Society of London* 托马斯·斯普拉特,《伦敦皇家自然知识促进学会的历史》
Technicians as colleagues 把技术员视为同事
Thermodynamics, Second Law of 热力学,热力学第二定律

Ultracentrifuge 超速离心机
Utopia, Utopian thinking 乌托邦,乌托邦主义

Verne, Jules 儒勒·凡尔纳
Viennese scientists 维也纳的科学家
Voltaire, *Dictionnaire Philosophique* 伏尔泰,《哲学辞典》

Wagner, R., *Götterdämmerung* 理查·瓦格纳,《尼伯龙根指环》
Walpole, Horace, *Three Princes of Serendip* 赫雷斯·瓦尔波尔,三位西伦迪普王子
Watson, James D. 詹姆斯·沃森

The Double Helix《双螺旋》

Webster, Charles, *The Great Instauration* 韦伯斯特,《伟大的复兴》

Wells, H. G. 威尔斯

Whewell, W. 威廉·惠威尔

Williams, Bernard 伯纳德·威廉斯

Wollheim, Richard 理查德·沃尔海姆

Young, J. Z. 杨

Zuckerman, Harriet, *Scientific Elite* 朱克曼,《科学界的精英》

Zuckerman, Lord 朱克曼勋爵 *The Ovary*《卵巢》